高职高专计算机项目/任务驱动模式教材

ASP.NET 项目开发实战

谭恒松　严良达　编著

电子工业出版社
Publishing House of Electronics Industry
北京·BEIJING

内 容 简 介

本书以 Microsoft Visual Studio 2010 为集成开发环境，数据库选用 SQL Server 2008。由于书中的项目对编程环境要求不高，所以本书也适合以 Visual Studio 2005、Visual Studio 2008，甚至 Visual Studio 2012、Visual Studio 2013 为集成开发环境的教学。本书配套丰富的电子教学资源，以适应编程环境的变化。

全书共分 7 章，内容遵循网站项目开发的流程，精心设计，主要包括熟悉项目开发环境、项目规划与数据库设计、生成项目框架、项目后台设计、项目前台设计、项目发布与部署、项目实战。

基于要编写一本好教、好学的教材的想法，本书采用的项目是获得浙江省大学生多媒体大赛一等奖的作品，经过改造，将 ASP.NET 的基本知识和技能融入到整个项目中，读者可以循着项目开发的路线，学会基于三层架构开发项目的方法。

本书可作为应用型本科和高职高专院校程序设计类课程教材使用，也可以作为培训机构的培训教材，还可以作为编程爱好者以及从事编程的开发人员的参考书。

本书提供丰富的数字资源，欢迎读者登录 http：//www.zjcourse.com/aspx 获取相关教学资源，并加入学习交流 QQ 群号：331057678。

未经许可，不得以任何方式复制或抄袭本书之部分或全部内容。
版权所有，侵权必究。

图书在版编目（CIP）数据

ASP.NET 项目开发实战/谭恒松，严良达编著 .—北京：电子工业出版社，2015.1
高职高专计算机项目/任务驱动模式教材
ISBN 978-7-121-24999-0

Ⅰ.①A… Ⅱ.①谭… ②严… Ⅲ.①网页制作工具-程序设计-高等职业教育-教材 Ⅳ.①TP393.092
中国版本图书馆 CIP 数据核字（2014）第 279043 号

责任编辑：束传政　　　　　特约编辑：徐　堃　张晓雪
印　　刷：涿州市京南印刷厂
装　　订：涿州市京南印刷厂
出版发行：电子工业出版社
　　　　　北京市海淀区万寿路 173 信箱　邮编 100036
开　　本：787×1092　1/16　印张：15.75　字数：394 千字
版　　次：2015 年 1 月第 1 版
印　　次：2018 年 1 月第 2 次印刷
定　　价：38.00 元

凡所购买电子工业出版社图书有缺损问题，请向购买书店调换。若书店售缺，请与本社发行部联系，联系及邮购电话：(010) 88254888，88258888。
质量投诉请发邮件至 zlts@phei.com.cn，盗版侵权举报请发邮件至 dbqq@phei.com.cn。
服务热线：(010) 88254609 或 hzh@phei.com.cn。

前言

一、缘起

对于学生和老师来说，什么样的教材才是一本好教材？这个问题一直困扰着我们。从事计算机相关技术教学多年，教材每学期都选，也每学期都换，我们总在寻找下一本好书。通过调查我们发现，学生认为一本好书至少能基本看懂并且对其感兴趣，他们最怕长篇的代码而没有解释，无从下手。对老师来说，好的教材当然是资源丰富，容易教学。

基于要编写一本好教、好学教材的想法，本书采用的项目是获得浙江省大学生多媒体大赛一等奖的作品，经过改造，将 ASP.NET 的基本知识和技能融入到整个项目中。读者可以循着项目开发的路线，学会基于三层架构开发项目的方法。

二、本书内容

本书共分 7 章，以一个网站项目为案例，遵循网站项目开发的流程，精心设计。每章的内容简述如下：

第 1 章：熟悉项目开发环境。简单介绍 ASP.NET 和 Visual Studio 2010 的集成开发环境，通过一个创建网站实例，让读者初步了解项目的编程环境。同时，初步介绍 C# 语言的基础知识，为后续的项目开发打下基础。

第 2 章：项目规划与数据库设计。整体介绍项目，并带领读者浏览整个项目页面，使读者对开发的项目有一个清楚的认识。本章还对项目数据库进行整体规划，详细讲解数据库的建立和设置。

第 3 章：生成项目框架。主要介绍如何使用动软代码生成器生成三层架构项目，并简单介绍三层架构。

第 4 章：项目后台设计。后台管理包括管理员登录页面、后台主页面、添加用户页面、管理用户页面、修改用户页面、发布活动页面、管理活动页面、修改活动页面、发布作品页面、管理作品页面、修改作品页面、发表评论页面、管理评论页面和修改评论页面。

第 5 章：项目前台设计。前台设计包括主页面、用户登录页面、用户注册页面、作品展示页面、作品汇页面、作品发布页面、活动展示页面、作品活动页面。

第 6 章：项目发布与部署。本章主要介绍如何整理项目、发布项目和部署项目。

第 7 章：项目实战。本章列出 5 个实战项目题目，并给出项目参考功能。

三、本书特点

本书在编写过程中，一直都有学生参与，就如学生说的，一定要给他们想象的空间。本书遵循学生的学习规律，以服务教学为宗旨，主要有以下几个特点。

1. 遵循网站项目开发的流程

本书以一个大项目贯穿始终，从项目需求分析开始，建立数据库，搭建三层架构，设计项目后台管理，直到前台展示、项目发布。整个过程都精心设计，遵循网站项目开发的流程。

2. 以服务教学为宗旨，精细组织章节内容

对于每个功能模块，都先指出总体目标是什么、涉及的技术要点有哪些、完成的步骤有哪些，让学生对功能模块有一个初步的了解；然后，按照完成步骤讲解详细内容，并且指出一些注意点和技术细节。在每个代码后面都有代码导读，解释重要和关键的代码。

3. 精心设计功能模块，给师生留出拓展空间

本书精心设计项目的功能模块，并为每个功能模块预留未完成的内容。在每个功能模块后都有课堂拓展内容，让学生去完成。

4. 配套资源丰富

本书配套有专门的资源网站，提供一整套教学资源，方便教与学（整个项目源代码都提供）。在本书课程网站上还提供一整套毕业设计资源，为学生完成毕业设计提供参考。

配套网站还列出了许多关于 ASP.NET 编程的知识和技巧，是对本书的有效补充。通过让学生学会查找资料，培养其动手和动脑能力。

四、如何使用

虽然本书编写的所有学习任务都是在 Visual Studio 2010 编程环境下进行，但由于课程的性质，根据学校机房环境的不同，本书也适用于 Visual Studio 2005、Visual Studio 2008，甚至 Visual Studio 2012、Visual Studio 2013 编程环境。我们教给读者的是学习方法，编程环境的变化只有很小的影响。

本书配套网站为 http：//www.zjcourse.com/aspx，学习交流 QQ 群号 331057678。

1. 教学资源

序号	资源名称	表现形式与内涵
1	课程标准（教学大纲）	Word 电子文档，包含课程定位、课程目标要求、课程教学内容、学时分配等内容，供教师备课时使用
2	授课计划	Word 电子文档，是教师组织教学的实施计划表，包括具体的教学进程、授课内容、授课方式等
3	教学设计	Word 电子文档，是指导实施课堂教学的参考文档
4	PPT 课件	RAR 压缩文档，是提供给教师和学习者的教与学课件，可直接使用
5	考核方案	Word 电子文档，对课程提出考核建议，用于指导课程考核
6	实训指导书	Word 电子文档
7	学习指南	Word 电子文档，提供学习建议
8	学习视频	形式多样，有直接视频文件，也有参考网址
9	项目源码	RAR 压缩文档，包括本书所有项目的源码
10	学生作品	RAR 压缩文档，提供部分学生优秀作品，供读者参考
11	参考资源	Word 电子文档，提供其他学习 ASP.NET 的资源，包括一些网络链接等

虽然本书提供了项目源代码，但不会给教学带来不利影响。本书为每个章节和项目功能模块都配套有需要完成的课堂拓展，实训内容密切结合课堂内容，对学生的要求也

是适当的和准确的。

2. 课时安排

如果只有60课时左右，需要多设置些课外时间，参考教学安排如下表所示。

序号	教学内容	合计课时
1	第1章：熟悉项目开发环境	4
2	第2章：项目规划与数据库设计	4
3	第3章：生成项目框架	4
4	第4章：项目后台设计	24
5	第5章：项目前台设计	16
6	第6章：项目发布与部署	4
7	第7章：项目实战	8
	64	合　计

如果课时比较充裕，可以增加第4章、第5章和第7章的教学时间，让学生将项目开发得更精细。本书项目只是图片的展示平台，可以拓展增加视频、音频的展示。对于项目实战，也可以多花时间，使其开发得更加完美。因此，本书适应课时上百的课程。

五、致谢

本书由谭恒松、严良达编著。

本书在编写过程中，得到了黄崇本、韦存存、徐畅等老师的大力支持和帮助，他们提出了许多宝贵的意见和建议，并参加了部分章节的编写，特此向他们表示衷心的感谢。本书在编写过程中还得到了冯沈达、楼志权、章舰、范哲峰等同学的大力支持，他们以学生的视角来帮助编写本书，特此表示万分的感谢。

由于时间和编者水平有限，书中不妥之处在所难免，希望广大读者批评指正。

编　者

2014年7月

本书资源

目 录

第1章 熟悉项目开发环境 ················ 1
1.1 ASP.NET 简介 ················ 1
1.1.1 .NET Framework ················ 1
1.1.2 什么是 ASP.NET ················ 2
1.1.3 ASP.NET 的特色与优势 ················ 3
1.1.4 ASP.NET 的典型应用 ················ 4
1.2 Visual Studio 2010 的集成开发环境 ················ 4
1.2.1 启动 Visual Studio 2010 ················ 4
1.2.2 Visual Studio 2010 的集成开发环境的配置 ················ 4
1.2.3 创建一个简单的 ASP.NET 网站 ················ 7
1.3 C#语言基础 ················ 12
1.3.1 常量与变量 ················ 13
1.3.2 数据类型 ················ 14
1.3.3 运算符与表达式 ················ 15
1.3.4 流程控制语句 ················ 17
本章小结 ················ 23
实训指导 ················ 23

第2章 项目规划与数据库设计 ················ 25
2.1 项目规划 ················ 25
2.1.1 需求分析 ················ 25
2.1.2 功能模块设计 ················ 26
2.1.3 项目浏览 ················ 26
2.2 数据库设计 ················ 38
2.2.1 创建数据库 ················ 40
2.2.2 创建数据表 ················ 42
2.2.3 设置数据库 ················ 43
2.3 相关技术知识 ················ 50
2.3.1 项目开发流程 ················ 50
2.3.2 数据库管理系统介绍 ················ 50
本章小结 ················ 51
实训指导 ················ 52

第3章 生成项目框架 … 53

3.1 使用动软代码生成器生成项目 … 53
3.1.1 下载并安装动软代码生成器 … 53
3.1.2 生成项目 … 54

3.2 项目整理 … 56
3.2.1 转换项目 … 57
3.2.2 项目初步整理 … 59

3.3 相关技术知识 … 62
3.3.1 三层架构介绍 … 62
3.3.2 动软代码生成器 … 63
3.3.3 面向对象编程 … 64

本章小结 … 68
实训指导 … 68

第4章 项目后台设计 … 69

4.1 项目后台整体设计概述 … 69
4.1.1 项目后台整体设计 … 69
4.1.2 添加页面 … 70

4.2 后台管理模板设计 … 71
4.2.1 后台管理模板的获得途径 … 71
4.2.2 后台管理模板选择 … 72
4.2.3 后台管理模板的整理 … 73

4.3 管理员登录页面设计 … 82
4.3.1 项目准备 … 83
4.3.2 登录页面设计 … 84
4.3.3 编写登录页面后台代码 … 87

4.4 管理主页面设计 … 90

4.5 用户管理模块设计 … 93
4.5.1 添加用户 … 93
4.5.2 管理用户 … 97
4.5.3 修改用户 … 106

4.6 设计活动管理模块 … 110
4.6.1 发布活动 … 111
4.6.2 管理活动 … 116
4.6.3 修改活动 … 122

4.7 设计作品管理模块 … 128
4.7.1 发布作品 … 128
4.7.2 管理作品 … 133
4.7.3 修改作品 … 141

4.8 设计作品评论模块 …… 146
    4.8.1 发表评论 …… 146
    4.8.2 管理评论 …… 150
    4.8.3 修改评论 …… 156
4.9 相关技术 …… 160
    4.9.1 ADO.NET 基础 …… 160
    4.9.2 SQL 语言基础 …… 164
    4.9.3 Application 对象和 Session 对象 …… 166
    4.9.4 页面切换与数据传递 …… 167
    4.9.5 GrideView 控件 …… 169
    4.9.6 CSS 和 DIV 基础 …… 170
    4.9.7 UEditor 介绍 …… 173
本章小结 …… 173
实训指导 …… 173

第 5 章 项目前台设计 …… 175

5.1 前台页面整体设计 …… 175
    5.1.1 规划 …… 175
    5.1.2 添加页面 …… 176
    5.1.3 添加文件夹 …… 176
5.2 主页面设计 …… 177
    5.2.1 设计页面 …… 177
    5.2.2 编写代码 …… 189
5.3 用户管理模块设计 …… 191
    5.3.1 用户登录页面 …… 191
    5.3.2 用户注册页面 …… 195
5.4 设计作品展示模块 …… 199
    5.4.1 作品展示页面 …… 199
    5.4.2 作品汇页面 …… 205
    5.4.3 作品发布页面 …… 211
5.5 活动展示模块设计 …… 214
    5.5.1 活动展示页面 …… 214
    5.5.2 作品活动页面 …… 218
5.6 相关技术 …… 223
    5.6.1 DataList 控件 …… 223
    5.6.2 Repeater 控件 …… 224
    5.6.3 jQuery 介绍 …… 224
本章小结 …… 225
实训指导 …… 225

第6章 项目发布与部署 ... 226
6.1 项目的整理与发布 ... 226
6.1.1 项目整理 ... 226
6.1.2 项目发布 ... 226
6.2 项目部署 ... 228
6.2.1 数据库部署 ... 228
6.2.2 IIS 配置 ... 229
6.3 相关技术知识 ... 231
6.3.1 网站发布 ... 231
6.3.2 IIS 介绍 ... 232
本章小结 ... 232
实训指导 ... 232

第7章 项目实战 ... 233
题目1 摄影作品展示网站设计 ... 233
题目2 企业门户网站设计 ... 233
题目3 合租网站设计 ... 234
题目4 星级酒店网站设计 ... 234
题目5 鲜花礼品购物网站设计 ... 234

附录A ASP.NET 常用控件命名规范 ... 236
附录B CSS 常用属性 ... 237
参考文献 ... 239

第1章 熟悉项目开发环境

> **本章知识目标**
> - 掌握 Visual Studio 2010 集成开发环境的使用方法
> - 掌握 ASP.NET 网站的创建技术
> - 掌握 C♯ 语言的基础知识
> - 掌握简单的程序调试方法

> **本章能力目标**
> - 能够应用 Visual Studio 2010 集成开发环境建立一个简单网站项目
> - 能够调试简单错误

Visual Studio 2010 是 Microsoft（微软公司）推出的一套完整的开发工具，用于生成 ASP.NET Web 应用程序、XML Web Services、桌面应用程序和移动应用程序。Visual Studio 2010 包含 Visual C♯、Visual C++等几种编程语言。所有语言使用相同的集成开发环境（IDE）。利用此 IDE 共享工具，有助于创建混合语言解决方案。另外，这些语言利用了.NET Framework 功能。通过此框架，可使用简化 ASP Web 应用程序和 XML Web Services 开发的关键技术。

1.1 ASP.NET 简介

1.1.1 .NET Framework

.NET Framework 通常称为.NET 框架，它是一个建立、配置和运行 Web 服务及应用程序的多语言环境，是 Microsoft 的一个新的程序运行平台。.NET Framework 的关键组件为公共语言运行时（CLR）和.NET Framework 类库（包括 ADO.NET、ASP.NET、Windows 窗体和 Windows Presentation Foundation（WPF））。.NET Framework 提供了托管执行环境、简化的开发和部署以及与各种编程语言的集成。

1. 公共语言运行时（CLR）

公共语言运行时是.NET Framework 的基础，是一个在执行时管理代码的代理。它提供内存管理、线程管理和远程处理等核心服务,并且强制实施严格的类型安全以及可提高安全性和可靠性的其他形式的代码准确性。代码管理的概念是运行时的基本原则。以运行时为目标的代码称为托管代码,不以运行时为目标的代码称为非托管代码。

有了公共语言运行时,可以很容易地设计出对象能够跨语言交互的组件和应用程序,即用不同语言编写的对象可以互相通信,并且其行为紧密集成。

2..NET Framework 类库

.NET Framework 类库是一个与公共语言运行库紧密集成的可重用的类型集合。该框架为开发人员提供了统一的、面向对象的、分层的和可扩展的类库集(API)。可以使用它开发多种应用程序。这些应用程序包括传统的命令行或图形用户界面(GUI)应用程序,也包括基于 ASP.NET 提供的创新的应用程序(如 Web 窗体和 XML Web Services)。

.NET Framework 可由非托管组件承载。这些组件将公共语言运行库加载到它们的进程中,并启动托管代码的执行,创建一个可以同时利用托管和非托管功能的软件环境。.NET Framework 不但提供若干个运行库宿主,而且支持第三方运行库宿主的开发。公共语言运行时和类库与应用程序之间以及与整个系统之间的关系如图 1-1 所示。

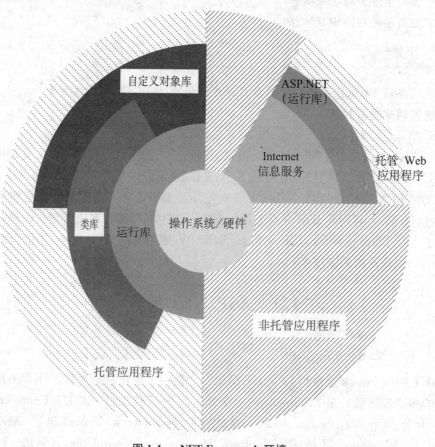

图 1-1 .NET Framework 环境

1.1.2 什么是 ASP.NET

ASP.NET 是统一的 Web 应用程序平台,它提供了为建立和部署企业级 Web 应用程序所必需的服务。ASP.NET 为能够面向任何浏览器或设备的更安全、更强的可升级性、更稳定的应用程序，提供了新的编程模型和基础结构。

ASP.NET 是 Microsoft.NET Framework 的一部分，是一种可以在高度分布的 Internet 环境中简化应用程序开发的计算环境。

1.1.3 ASP.NET 的特色与优势

ASP.NET 具有以下特色与优势：

（1）可管理性：ASP.NET 使用基于文本的、分级的配置系统，简化了将设置应用于服务器环境和 Web 应用程序的工作。因为配置信息存储为纯文本，因此可以在没有本地管理工具的帮助下应用新的设置。配置文件的任何变化都可以自动检测到，并应用于应用程序。

（2）安全：ASP.NET 为 Web 应用程序提供了默认的授权和身份验证方案。开发人员可以根据应用程序的需要很容易地添加、删除或替换这些方案。

（3）易于部署：通过简单地将必要的文件复制到服务器上，ASP.NET 应用程序即可以部署到该服务器上。不需要重新启动服务器，甚至在部署或替换运行的已编译代码时也不需要重新启动。

（4）增强的性能：ASP.NET 是运行在服务器上的已编译代码。与传统的 Active Server Pages（ASP）不同，ASP.NET 能利用早期绑定、实时（JIT）编译、本机优化和全新的缓存服务来提高性能。

（5）灵活的输出缓存：根据应用程序的需要，ASP.NET 可以缓存页数据、页的一部分或整个页。缓存的项目可以依赖于缓存中的文件或其他项目，或者根据过期策略进行刷新。

（6）移动设备支持：ASP.NET 支持任何设备上的任何浏览器。开发人员使用与用于传统桌面浏览器的相同的编程技术来处理新的移动设备。

（7）扩展性和可用性：ASP.NET 被设计成可扩展的、具有特别专有的功能来提高群集的、多处理器环境的性能。此外，Internet 信息服务（IIS）和 ASP.NET 运行时密切监视和管理进程，以便在一个进程出现异常时，可在该位置创建新的进程，使应用程序继续处理请求。

（8）跟踪和调试：ASP.NET 提供了跟踪服务，该服务可在应用程序级别和页面级别调试过程中启用。可以选择查看页面的信息，或者使用应用程序级别的跟踪查看工具查看信息。在开发和应用程序处于生产状态时，ASP.NET 支持使用.NET Framework 调试工具进行本地和远程调试。当应用程序处于生产状态时，跟踪语句能够留在产品代码中，而不会影响性能。

（9）与.NET Framework 集成：因为 ASP.NET 是.NET Framework 的一部分，整个平台的功能和灵活性对 Web 应用程序都是可用的。也可以从 Web 上流畅地访问.NET 类库以及消息和数据访问解决方案。ASP.NET 是独立于语言之外的，所以开发人员能选择最适于应用程序的语言。另外，公共语言运行库的互用性保存了基于 COM 开发的现有投资。

（10）与现有 ASP 应用程序的兼容性：ASP 和 ASP.NET 可并行运行在 IIS Web 服

务器上而互不冲突；不会发生因安装 ASP.NET 而导致现有 ASP 应用程序崩溃的可能。ASP.NET 仅处理具有 .aspx 文件扩展名的文件。具有 .asp 文件扩展名的文件继续由 ASP 引擎来处理。然而，应该注意的是，会话状态和应用程序状态并不在 ASP 和 ASP.NET 页面之间共享。

ASP.NET 启用了分布式应用程序的两个功能：Web 窗体和 XML Web 服务。相同的配置和调试基本结构支持这两种功能。Web 窗体技术可以建立强大的基于窗体的网页。Web 窗体页面使用可重复使用的内建组件或自定义组件，以简化页面中的代码。

使用 ASP.NET 创建的 XML Web 服务，可实现远程访问服务器。使用 XML Web 服务，商家可以提供其数据或商业规则的可编程接口，之后，由客户端和服务器端应用程序获得和操作。通过在客户端/服务器和服务器/服务器方案中的防火墙范围内使用标准（如 XML 消息处理和 HTTP），XML Web 服务可启用数据交换。以任何语言编写的且运行在任何操作系统上的程序都能调用 XML Web 服务。

1.1.4　ASP.NET 的典型应用

微软网站（http://www.microsoft.com/en/us/default.aspx）是最早采用 ASP.NET 技术的网站。随着全球用户的增加，微软采用了该技术，证明 ASP.NET 技术是能够满足现代市场需求的，也可以应对高标准、高要求的企业应用。

当当网（http://www.dangdang.com/）是全球最大的中文网上书店，这是 ASP.NET 技术在 B2C 的成功应用。当当网的所有商品都是通过网上店铺销售的。

CSDN 网（http://www.csdn.com/）是全球最大的中文计算机技术论坛网站，其用户量大，论坛种类多，网站运行稳定。这也是 ASP.NET 技术的成功应用。

课堂拓展

（1）在网络上查找一个使用 ASP.NET 技术开发的网站，体验整个网站的流程。
（2）打开微软官方网站，查看微软技术动态。

1.2　Visual Studio 2010 的集成开发环境

Microsoft Visual Studio 2010 的 IDE（集成开发环境）为 Visual C#、Visual C++ 等提供统一的集成开发环境，拥有强大的功能。了解并掌握这些功能，可以帮助用户快速、有效地建立应用程序。

1.2.1　启动 Visual Studio 2010

在操作系统桌面环境中，依次选择【开始】|【程序】|【Microsoft Visual Studio 2010】|【Microsoft Visual Studio 2010】命令，如图 1-2 所示，启动 Visual Studio 2010。

1.2.2　Visual Studio 2010 的集成开发环境的配置

创建网站项目后，出现如图 1-3 所示 Visual Studio 2010 集成开发环境页面。

图 1-2　选择 Visual Studio 2010 命令选项

第1章 熟悉项目开发环境

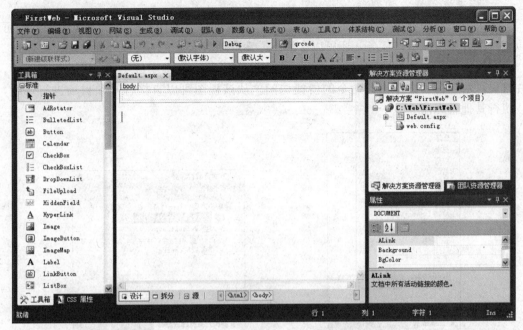

图 1-3 集成开发环境页面

集成开发环境由标题栏、菜单栏、工具栏、工具箱、解决方案资源管理器、属性窗口、窗体设计器、代码编辑器等组成。

1．标题栏

标题栏位于窗口的最上方，用于显示项目的名称以及当前程序所处的状态，如"正在运行"等。

2．菜单栏

菜单栏中的菜单命令几乎包括所有常用的功能。其中比较常用的"文件"菜单主要用来新建、打开、保存和关闭项目，"编辑"菜单主要用来剪切、复制、粘贴、删除、查找和替换程序代码，"视图"菜单主要是对各种窗口进行显示和隐藏，"调试"菜单主要用来调试程序，还有"网站"、"生成"、"调试"、"工具"和"测试"等菜单专门用来编程。读者通过实际操作，将慢慢记住每个菜单的主要功能，无须死记硬背。

3．工具栏

工具栏提供了最常用的功能按钮。开发人员熟悉工具栏可以大大节省工作时间，提高工作效率。

4．工具箱

【工具箱】是 Visual Studio 2010 的重要工具，它提供了网站开发所必需的控件。【工具箱】是一个浮动的树控件，它与 Windows 资源管理器的工作方式类似。同时展开【工具箱】的多个段（称为"选项卡"），整个目录树在【工具箱】窗口内部滚动。单击名称旁边的加号（+），展开【工具箱】的选项卡；单击名称旁边的减号（-），折叠已展开的选项卡。如图 1-4 中列出了工具箱包括的选项卡，其中【标准】选项卡给出了基本的控件。

5. 解决方案资源管理器

解决方案资源管理器主要用于管理解决方案或项目。利用解决方案资源管理器，可以查看项并执行项管理任务，还可以在解决方案或项目上下文的外部处理文件。

解决方案资源管理器利用树型视图，如图1-5所示，提供项目及其文件的组织关系，并且提供对项目和文件相关命令的便捷访问。从该视图可以直接打开项目项进行修改，或执行其他管理任务。

图1-4 工具箱

图1-5 解决方案资源管理器

6. 属性窗口

属性窗口用来查看和设置控件的属性及事件，通过单击【视图】菜单的【属性窗口】来打开。属性窗口如图1-6所示。

7. 窗体设计器

窗体设计器，是指在【解决方案资源管理器】中双击鼠标打开一个后缀为.aspx的文件，该文件显示的内容所在区域就是窗体设计器。窗体设计器是设计网页的区域。开发人员可按照自己的设想设计页面，如图1-7所示。

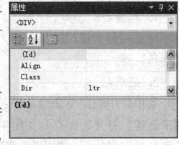

图1-6 属性窗口

图1-7 窗体设计器

8. 代码编辑器窗口

代码编辑器窗口是指在窗体设计器上任意处双击鼠标进入另一个后缀为.aspx.cs 的文件，用户在该文件中可以对网页的数据操作及各种高级设置进行编码，如图 1-8 所示。

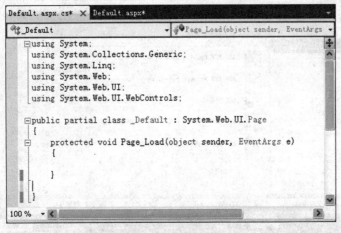

图 1-8　代码编辑器窗口

1.2.3　创建一个简单的 ASP.NET 网站

创建一个简单的 ASP.NET 网站。在主页面中输入姓名，如输入"张乐"，如图 1-9 所示；单击【确定】按钮后，在页面显示"张乐，欢迎进入 ASP.NET 学习世界"，如图 1-10 所示。

图 1-9　主页面

图 1-10　输入姓名后的效果

1. 新建网站

启动 Microsoft Visual Studio 2010，进入开发界面，然后选择【文件】|【新建】|【网站】命令，如图 1-11 所示。

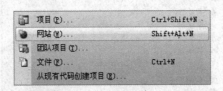

图 1-11　选择创建网站

在弹出的【新建网站】对话框中，在【Visual C#】模板中选择【ASP.NET 空网站】命令，设置文件存放路径"C：\Web\FirstWeb"，如图 1-12 所示。

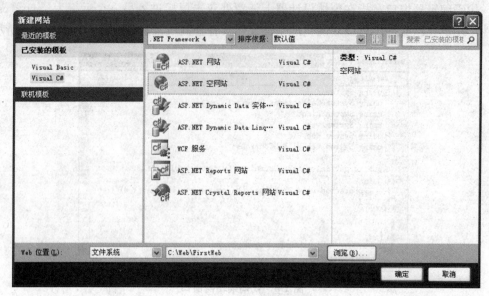

图 1-12 新建网站页面

2. 添加页面

在【解决方案资源管理器】中，右击刚创建的网站项目，然后在弹出的菜单中选择【添加新项】命令，如图 1-13 所示。在弹出的【添加新项】中选择【Web 窗体】命令，再单击【添加】按钮，完成 Web 窗体添加，如图 1-14 所示。

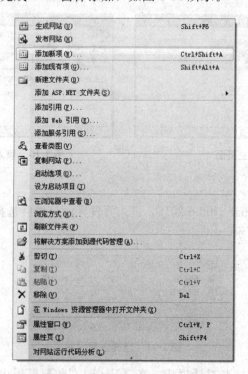

图 1-13 选择【添加新项】命令

第1章 熟悉项目开发环境

图1-14 添加新项页面

3. 为页面添加控件

从工具箱中选择两个标签（Label）控件、一个按钮（Button）控件和一个文本框（TextBox）控件放置到主页面中，然后适当调整控件的大小和位置，如图1-15所示。

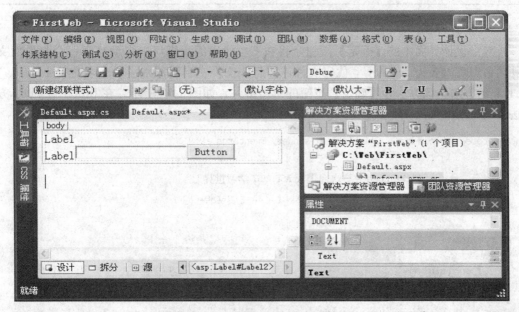

图1-15 添加控件后的页面

技术细节

基本的控件都可以从工具箱中选择，直接将其拖动到页面即可。当发现工具箱关闭时，可以从【视图】菜单打开工具箱。

4. 设置界面和控件的属性

选中第二个标签控件,在集成开发环境的右下角【属性】窗口中设置标签属性,如图 1-16 所示。

图 1-16　属性设置

表 1-1 列出了几个控件的基本属性设置。

表 1-1　控件属性

控件类型	控件 ID	主要属性设置	用途
Label	lblWelcome	Text 设置为空	显示欢迎信息
Label	lblName	Text 设置为"请输入您的姓名:"	提示输入信息
TextBox	txtName	Text 设置为空	输入姓名
Button	btnOK	Text 设置为"确定"	确定输入信息

5. 编写代码

双击设计界面中的【确定】按钮,将在 C#代码编辑窗口中自动打开一个与界面文件同名但后缀名为 .cs 的 C#代码文件,并且该文件中自动添加了一个名称为 btnOK_Click 的方法。该方法为【确定】按钮的单击事件,如图 1-17 所示。在 btnOK_Click 方法中编写如下代码:

```
protected void btnOK_Click(object sender, EventArgs e)
{
    string strWelcome = "欢迎进入 ASP.NET 学习世界";
    lblWelcome.Text = txtName.Text + "," + strWelcmoe;
}
```

代码导读

(1) string strWelcome = "欢迎进入 ASP.NET 学习世界"; //定义一个字符串变量。

(2) lblWelcome.Text = txtName.Text + "," + strWelcmoe; //从文本框 txtName 中传来用户名。这里"+"是用于连接两个字符串,不是表示"加法"。

6. 错误调试和运行程序

当设计好控件和代码之后,单击工具栏中的 ▶ 按钮,出现如图 1-18 所示的提示框。选择【否(N)】按钮,进行错误调试。如图 1-19 所示,给出了错误提示,提示不存在

"strWelcmoe"。经过仔细核对，发现拼写错误，应该为"strWelcome"。修改后，继续调试，出现如图 1-20 所示对话框，选择是否调试。如果不调试而直接运行，选择下面的单选按钮。单击【确定】按钮，出现如图 1-21 所示页面。

图 1-17　代码编辑窗口

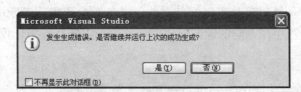

图 1-18　【错误调试】提示框

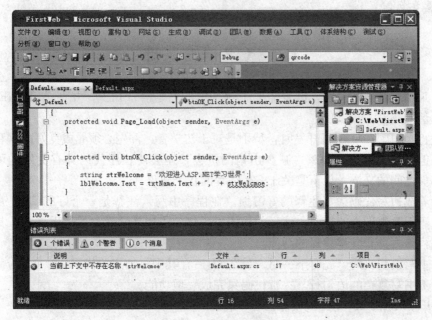

图 1-19　错误提示页面

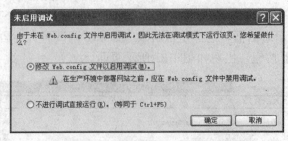

图 1-20 【未启用调试】对话框

图 1-21 主页面

7. 保存文件

选择【文件】|【保存】或者【全部保存】命令来保存文件，在工具栏上也有快捷按钮用于保存。初学者应及时和随时注意保存文件，以免发生死机或者断电等情况时，文件丢失。建议将重要的程序在不同的地方存放多个备份，以便有效防止程序丢失。

> **课堂拓展**
>
> （1）搜索微软最新的 Visual Studio 版本，了解其新的技术特点。
> （2）查找一个著名站点，了解其网站结构。模仿着建立一个 ASP.NET 网站，其内容不需要制作。

1.3 C♯语言基础

项目采用 C♯语言开发，读者需要了解基本的 C♯语言知识，并在 ASP.NET 项目开发中灵活应用。

在进行 ASP.NET 项目开发时，特别是对于初学者，首先必须养成良好的编程习惯。这样，不但可以提高编程效率，减少出错的机会，还会使程序代码具有更好的可读性，便于程序员之间的交流。以下是关于 C♯编程的几个建议。

（1）养成边写代码边写注释的好习惯。在程序中写入注释是一个好的编程习惯，特别是当代码需要由别人阅读时，注释的作用更明显。注释是开发人员最重要的工具之一，所有的编程语言都有支持注释的功能。

（2）书写语句块时，先写下一对"{}"，然后在其中添加相关代码。

（3）不书写复杂的语句行，一行代码只完成一项功能。

（4）if、while、for 等语句要单独占一行。

（5）采用适当的缩进。在多层嵌套时，相同层次嵌套的缩进相一致。

(6) 标识符的命名一定要规范，尽量做到见名知意。

1.3.1 常量与变量

1. 常量

1) 常量的含义

常量是指在程序运行的过程中，其值保持不变的量。C♯的常量包括符号常量、数值常量、字符常量、字符串常量和布尔常量等。

2) 常量的声明

符号常量一经声明，就不能在任何时候改变其值。在C♯中，采用const语句来声明常量，其语法格式为：

```
const <数据类型> <常量名> = <表达式> …
```

说明：

<常量名>遵循标识符的命名规则，一般采用大写字母。

表达式由数值、字符、字符串常量及运算符组成，也可以包括前面定义过的常量，但是不能使用函数调用，例如：

```
const int MIN = 10;// 声明常量 MIN, 代表 10, 整型
const float PI = 3.14F;// 声明常量 PI, 代表 3.14, 单精度型
```

如果多个常量的数据类型是相同的，可在同一行中声明这些常量。声明时，用逗号将它们隔开，例如：

```
const int NUM = 20, MAX = 100;
```

2. 变量

1) 变量的定义

变量是在程序运行的过程中，其值可以改变的量。它表示数据在内存中的存储位置。每个变量都有一个数据类型，以确定哪些数据类型的数据能够存储在该变量中。

C♯是一种数据类型安全的语言，编译器总是保证存储在变量中的数据具有合适的数据类型。

2) 变量的声明

在C♯中，声明变量的语法格式为：

```
<数据类型> <变量名> = <表达式> …
```

说明：

<变量名>遵循C♯合法标识符的命名规则.

[= <表达式>]为可选项，可以在声明变量时给变量赋一个初值（即变量的初始化），例如：

```
float x = 2.5;// 声明单精度型变量 x, 并赋初值 2.5
```

它等价于：

```
float x;
```

```
x = 2.5;
```

一行可以声明多个相同类型的变量,且只需指定一次数据类型,变量与变量之间用逗号隔开,例如:

```
int i = 1, j = 5;
```

1.3.2 数据类型

C#数据类型很多,但实际中只有一些比较常用。下面列出几种常用的数据类型。

1. 整数类型

整数类型是指不含小数部分的数字。在C#中有9种整数类型。整数类型是根据该类型的变量在内存中所占的位数来划分的,位数按照2的指数幂来定义。例如,byte为8位整数,表明byte型可表示2的8次方个数值。表1-2列出了整型可表示的数据范围。

表1-2 整数类型

类型	数据范围	大小
sbyte	$-128 \sim 127$	有符号8位整数
byte	$0 \sim 255$	无符号8位整数
char	U+0000～U+ffff	16位Unicode字符
short	$-32,768 \sim 32,767$	有符号16位整数
ushort	$0 \sim 65,535$	无符号16位整数
int	$-2,147,483,648 \sim 2,147,483,647$	有符号32位整数
uint	$0 \sim 4,294,967,295$	无符号32位整数
long	$-9,223,372,036,854,775,808 \sim 9,223,372,036,854,775,807$	有符号64位整数
ulong	$0 \sim 18,446,744,073,709,551,615$	无符号64位整数

在程序设计中,要选择合适的数据类型。如果选择的数据类型过小,可能在程序执行过程中出现超出数据范围的情况;如果数据类型选择过大,可能造成存储空间的浪费。

例如,定义一个整型变量的代码如下所示:

```
int a = 6;
```

2. 实数类型

数学中不仅包括整数,还包括小数。实数类型主要用于需要使用小数的数据。C#语言中的实数类型有三种:单精度(float)、双精度(double)和十进制类型(decimal)。单精度和双精度用于表示浮点数,它们的差别在于取值范围和精度不同。双精度的取值范围比单精度的取值范围大,精度要高。计算机对浮点数的运算速度要比整数的运算速度低得多,并且浮点数占用更多的存储空间。十进制类型主要用于货币或金融方面的计算,是一种高精度、128位的数据类型。表1-3列出了实数类型可表示的数据范围。

表1-3 实数类型

类型	数据范围	精度
float	$\pm 1.5e-45 \sim \pm 3.4e38$	7位
double	$\pm 5.0e-324 \sim \pm 1.7e308$	15～16位
decimal	$(-7.9 \times 10^{28} \sim 7.9 \times 10^{28})/(10^{0 \sim 28})$	28～29位有效位

在默认情况下,赋值运算符"="右侧的实数被视为double型。因此,在初始化

float 变量时，应使用后缀 F 或 f；在初始化 decimal 变量时，应使用后缀 M 或 m，例如：

```
float    x = 3.5f;
decimal  y = 12.75m;
```

3. 字符类型

字符类型（char）表示单个字符，包括英文字符、数字字符、表达式符号、中文字符等。字符类型采用 Unicode 字符集。Unicode 字符是 16 位字符，用于表示世界上大多数已知的书面语言。字符一般用单引号括起来，如'a'、'A'；也可以通过十六进制转义符（以 \ x 开始）或 Unicode 表示形式（以 \ u 开始）给字符型变量赋值。此外，整数可以显式地转换为字符。

例如，定义一个字符变量代码如下所示：

```
char ch1 = 'a';
```

4. 布尔类型

布尔类型（bool）表示布尔逻辑量，只有两种取值："真"或"假"；在 C#中，分别用 true 或 false 两个值来表示，它们不对应于任何整数值。不能认为整数 0 是 false，其他值是 true。bool x=1 的写法是错误的，只能写成 x=true 或 x=false。

1.3.3 运算符与表达式

程序设计语言中的运算符是指数据间进行运算的符号，参与运算的数据称为操作数。把运算符和操作数按照一定规则连接起来就构成表达式。操作符指明作用于操作数的操作方式。操作数可以是一个常量、变量，或者是另一个表达式。

与 C 语言一样，如果按照运算符所作用的操作数个数来分，C#语言的运算符分为以下几种类型：

（1）一元运算符：作用于一个操作数，例如－X、++X、X－－等。

（2）二元运算符：对两个操作数进行运算，例如 x+y。

（3）三元运算符：只有一个：x?y:z。

1. 算术运算符

算术运算符用于对操作数进行算术运算。C#中的算术运算符如表 1-4 所示。

表 1-4 算术运算符

名称	运算符	描述与实例
加法运算符	＋	运算对象为整型或实型，如 4+2
减法运算符	－	运算对象为整型或实型，如 4－2
乘法运算符	＊	运算对象为整型或实型，如 3＊2
除法运算符	/	运算对象为整型或实型，如 5.0/10 的结果为 0.5 如果整数相除，结果应是整数，如 7/5 和 6/4 的结果都为 1
模运算符	％	也称求余运算符，运算对象为整型，即"％"运算符两边的操作数必须是整型，如"7％3"的结果为 1
自增运算符	++	后缀格式：i++相当于 i=i+1；运算规则：先使用 i，再加 1 前缀格式：++i 相当于 i=i+1；运算规则：先加 1，再使用
自减运算符	－－	后缀格式：i－－相当于 i=i－1；运算规则：先使用 i，再减 1 前缀格式：－－i 相当于 i=i－1；运算规则：先减 1，再使用

2. 关系运算符

关系运算符用来比较两个表达式的值,比较结果只有两个逻辑值 true 或 false。C# 的关系运算符如表 1-5 所示。

表 1-5 关系运算符

运算符	操作	结果(假设 x, y 是某相应类型的操作数)
>	x>y	如果 x 大于 y,则为 true,否则为 false
>=	x>=y	如果 x 大于等于 y,则为 true,否则为 false
<	x<y	如果 x 小于 y,则为 true,否则为 false
<=	x<=y	如果 x 小于等于 y,则为 true,否则为 false
==	x==y	如果 x 等于 y,则为 true,否则为 false
!=	x!=y	如果 x 不等于 y,则为 true,否则为 false

3. 逻辑运算符

逻辑运算符用来组合两个或多个表达式,其运算结果也是一个逻辑值 true 或 false。C# 的逻辑运算符如表 1-6 所示。

表 1-6 逻辑运算符

名称	运算符	描 述
逻辑与	&&	运算符两边的表达式的值均为 true 时,结果为 true,否则结果为 false
逻辑或	||	运算符两边的表达式的值均为 false 时,结果为 false,否则结果为 true
逻辑非	!	将运算对象的逻辑值取反。若表达式的值为 true,则"!表达式"的值为 false,否则结果为 true

4. 赋值运算符

赋值运算符用于将一个数据赋给一个变量。C# 的赋值运算符如表 1-7 所示。

表 1-7 赋值运算符

运算符	赋值表达式示例	结果(设变量 a 的初始值为 4)
=	a=4 把值 4 赋给变量 a	a=4
+=	a+=4	a=8(相当于 a=a+4)
-=	a-=1	a=3(相当于 a=a-1)
*=	a*=2	a=8(相当于 a=a*2)
/=	a/=2	a=2(相当于 a=a/2)

5. 条件运算符

条件运算符"?:"是一个三元运算符,即有三个运算对象。条件运算符的一般格式为:

表达式 1?表达式 2:表达式 3

6. 运算符的优先级

C# 语言运算符的详细分类及操作符从高到低的优先级顺序如表 1-8 所示。

表 1-8 操作符的优先级顺序与结合性

优先级	运算符类型	运算符
由高到低	括号	( )
	一元运算符	++、——、!、+（正号）、-（负号）
	算术运算符	*、/、%
		+、-
	关系运算符	<、<=、>、>=
		==、!=
	逻辑运算符	&&
		||
	条件运算符	?:
	赋值运算符	=、+=、-=、*=、/=、%=

1.3.4 流程控制语句

1. if 语句

if 语句也称为选择语句或条件语句，它根据布尔类型的表达式的值选择要执行的语句，最简单的 if 语句只设置一条选择路径，其语法格式为：

```
if(布尔表达式)
{
    条件为真时执行的语句
}
```

在该结构中，当表达式的值为 true 时，执行大括号里的语句，否则执行大括号后面的语句。如果大括号里的语句只有一条，大括号可以省略，这种 if 语句的执行过程如图 1-22 所示。

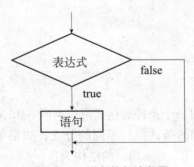

图 1-22 if 语句执行流程图

例如：

```
…
if(a= =b)
{
    b=a+ +;
}
a=b- -;
```

...

2. if…else 语句

if…else 语句与上述 if 语句不同,它提供了两路选择,依据条件判断的不同结果,转去执行不同的分支。if…else 语句的语法格式为:

```
if(布尔表达式)
{
    条件为真时执行的语句
}
else
{
    条件为假时执行的语句
}
```

如果 if 之后的布尔条件是 true,则执行 if 部分的语句;如果布尔条件是 false,那么执行 else 部分的语句。if…else 语句保证不管条件的值是什么,总有一部分语句被执行。if…else 语句的执行过程如图 1-23 所示。

例如,两个整数 a 和 b 比较大小,较大的数放在变量 c 里面,其代码如下所示:

```
if(a > b)
{
    c = a;
}
else
{
    c = b;
}
```

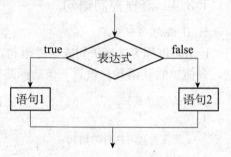

图 1-23 if…else 语句执行流程图

3. if…else if… 语句

上述两种 if 语句都只能对一个条件表达式进行判断,if…else if… 语句则可以对多个条件表达式进行判断,对不同的条件执行不同的分支。如果条件全部不满足或任一分支执行完成,都将退出 if 语句。if…else if… 的结构为:

```
if(布尔表达式 1)
    {语句 1;}
else if(布尔表达式 2)
    {语句 2;}
    …
else
    {语句 n;}
```

当布尔表达式 1 的值为 true 时,执行"语句 1",执行完后,if 语句结束;否则,若布尔表达式2的值为true，则执行语句"语句2"，执行完后，if语句结束；以此类推，如果以上条件都不成立，则执行最后一条else语句后的"语句n"。if…else if…语句的流程图如图1-24所示。

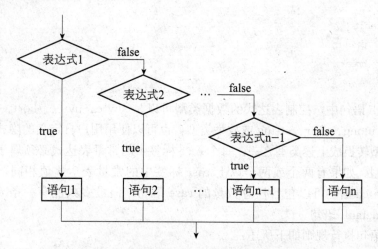

图1-24 if…else if…语句执行流程图

4．if语句的嵌套

在if语句中包含一条或多条if语句，称为if语句的嵌套。if语句的嵌套形式多种多样，嵌套层数没有具体限制。下面是一种嵌套的if语句。

```
if(布尔表达式)
{
    if(布尔表达式)
        {语句1;}              内嵌的if语句
    else
        {语句2;}
}
else
{
    if(布尔表达式)
        {语句1;}              内嵌的if语句
    else
        {语句2;}
}
```

5．switch语句

在程序中，当判断的条件相当多时，可以使用if语句实现，但比较复杂，而且程序变得难以阅读，这时使用switch语句来操作就十分方便。switch根据控制表达式的多个不同取值来选择执行不同的代码段。其格式如下所示：

```
switch(控制表达式)
{
    case 常量表达式1:
        语句1;
        break;
```

```
case 常量表达式 2:
    语句 2;
    break;
    ...
default:
    语句 n;
    break;
}
```

在 switch 语句中，控制表达式的数据类型可以是 sbyte、byte、short、ushort、int、uint、long、ulong、char、string 或枚举类型，也可以使用用户自定义的隐式转换语句把表达式的类型转换成上述类型之一。每个 case 标签中的常量表达式必须属于或能隐式转换成控制类型。如果有两个或两个以上 case 标签中的常量表达式值相同，编译时将报错。每条 switch 语句可以包含任意数量的 case 语句，但最多只能有一条 default 语句，也可以没有 default 语句。

switch 语句执行规则如下所述：

(1) 计算 switch 表达式，然后与 case 后的常量表达式的值进行比较。执行第一条与之匹配的 case 分支下的语句，最后由语句 break 跳出整个 switch 语句。

(2) 如果 switch 表达式的值无法与 switch 语句中任何一个 case 常量表达式相匹配，并且有 default 分支，程序会跳转到 default 标号后的语句列表中。

(3) 如果 switch 表达式的值无法与 switch 语句中的任何一个 case 常量表达式相匹配，并且没有 default 分支，程序会跳转到 switch 语句的结尾。

(4) 在 C#语言中，每个 case 后面都要使用"break;"语句，否则会编译报错。图 1-25 所示是 switch 语句的执行流程图。

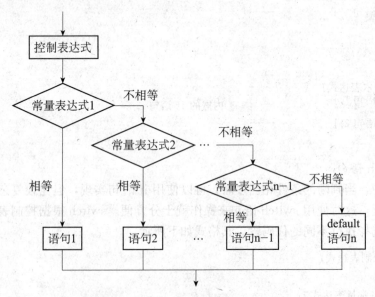

图 1-25　switch 语句执行流程图

循环是指在程序设计中有规律地反复执行某一程序块的现象。被重复执行的程序块称为"循环体"。循环语句可以实现程序的重复执行。C♯语言提供 4 种循环语句：while 循环语句、do…while 循环语句、for 语句和 foreach 语句。其中，foreach 语句用得比较少，这里不详细介绍。

6．while 语句

while 循环语句由循环头和循环体组成。循环头由关键字 while 和循环条件（布尔表达式）构成。循环体是在循环头后面 { } 之间的可执行语句块。while 循环语句的语法格式为：

```
while(布尔表达式)
{
    循环体;
}
```

其执行顺序为：①先计算布尔表达式的值；②若值为 true，执行 { } 中的语句，然后重新执行步骤①；③若布尔表达式的值为 false，则结束循环。while 循环语句的执行流程图如图 1-26 所示。

while 循环语句的特点是：先判断表达式，后执行循环体语句，因此循环体中的代码可能执行 0 次，也可能执行多次。布尔表达式一定是一个布尔运算式，不能是一个整数值。下面是一个计算阶乘的例子，要求从屏幕上输入一个正整数，按回车键后，算得该正整数的阶乘值。

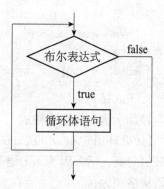

图 1-26　while 循环语句执行流程图

例如，使用 while 循环语句，求 100 以内的整数的和，然后将结果放在变量 sum 中。其代码如下所示：

```
int sum = 0;
int i = 1;
while(i < 100)
{
    sum = sum + i;
    i = i + 1;
}
```

7．do while 语句

do while 循环语句与 while 循环语句功能相近，不同的是，do while 循环的条件检查位于循环体尾部，因此循环体语句至少执行一次。do while 语句的语法格式为：

```
do{
    循环体;
}while(布尔表达式);
```

do while 语句以关键字 do 开始。在 do 的后面是循环体语句，最后是关键字 while 加上循环条件。循环条件可以是任意布尔表达式。

在 do while 语句中,先执行一次循环体,然后判断布尔表达式是 true 还是 false。若是 true,跳到 do 循环体内执行;若是 false,跳出 do 循环语句,执行 while 语句的下一条语句。其语法特点是"先执行,后判断"。另外需要注意的是,"while(布尔表达式)"后面需要加上";"。do while 循环语句执行的流程图如图 1-27 所示。

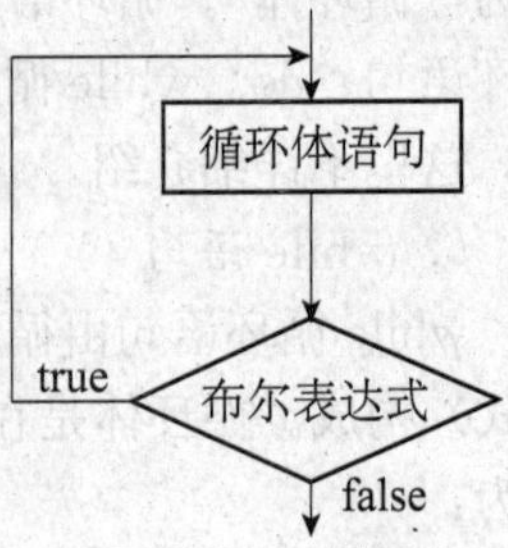

例如,使用 do while 循环语句,求 100 以内的整数的和,将结果放在变量 sum 中。其代码如下所示:

图 1-27 do while 循环语句执行流程图

```
int sum = 0;
int i = 1;
do
{
    sum = sum + i;
    i = i + 1;
} while(i < 100);
```

8. for 语句

1) for 语句的语法格式

for 循环语句和 while、do while 循环语句一样可以重复执行某一段程序代码,但 for 循环语句更灵活,因为 for 语句将初始值、布尔判断式和更新值都写在同一行代码中。其语法格式为:

```
for(初始值;布尔表达式;更新值)
{
    循环体
}
```

初始值、布尔表达式和更新值之间用分号分隔;表达式一般是关系表达式或逻辑表达式,也可以是算术表达式或字符表达式等。

for 循环执行过程为:

(1) 求解初始值。该值求解只执行一次,一般用于为 for 结构中的有关变量赋初值。

(2) 判断布尔表达式中的条件是否满足。若布尔表达式为 true,则执行循环体;若布尔表达式为 false,则结束循环,程序转向执行循环体下面的语句。

(3) 执行完循环体之后,重新计算更新值。

(4) 转回步骤 (2) 继续执行。

for 循环语句执行的流程图如图 1-28 所示。

例如,使用 for 循环语句,求 100 以内的整数的和,将结果放在变量 sum 中。其代码如下所示:

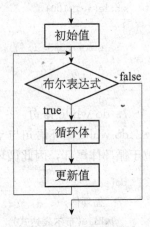

图 1-28 for 循环语句执行流程图

```
int sum = 0;
for(int i = 1;i<100;i + + )
{
    sum =  sum +  i;
}
```

2) for 循环的嵌套

在一个循环体内完整地包含了另一个循环，称之为循环的嵌套。内嵌的循环中还可以嵌套循环，就是多层嵌套。一般情况下，嵌套最好不要超过三层，否则程序会变得难以阅读和控制。下面是一个使用 for 循环嵌套的例子。

for 循环嵌套的示例代码如下所示：

```
int i,j,sum;
sum = 0;
for(i = 1;i<10;i + + )
{
    for(j = 1;j < = i;j + + )
    {
        sum = sum + 1;
    }
}
```

while 循环、do while 循环和 for 循环可以互相嵌套，这里不再阐述。

本章小结

本章首先简单介绍 ASP.NET，然后主要介绍 Visual Studio 2010 的集成开发环境，并通过一个实例介绍创建 ASP.NET 网站的一般步骤，最后讲解 C#语言的基础知识。通过对本章的学习，读者能够了解开发网站项目的基础知识，为后续章节的学习打下良好的基础。

本章技术要点为：

（1）ASP.NET 概述。
（2）Visual Studio 2010 的集成开发环境。
（3）创建一个简单的 ASP.NET 网站的一般步骤。
（4）C#的基本语法。

实训指导

【实训目的要求】

1. 掌握 Visual Studio 2010 集成开发环境的使用。
2. 掌握 ASP.NET 网站的创建方法。
3. 掌握 C#语言的基本语法。

【实训内容】

题目一：在计算机上安装 Visual Studio 2010。

题目二：熟悉 Visual Studio 2010 的集成开发环境。

题目三：开发一个简单的问卷调查网站，不需要连接数据库。

第 2 章 项目规划与数据库设计

本章知识目标

- 熟悉项目整体规划
- 掌握项目开发流程
- 掌握创建数据库的方法
- 掌握创建数据表方法
- 熟练掌握数据库设置方法

本章能力目标

- 能够创建项目数据库
- 能够举一反三,对项目进行整体规划

建一栋楼房,需要设计图纸。同样,开发一个项目,需要对项目进行整体规划,不能随意开发。本章将向读者展示整个项目的基本模块以及每个模块的页面效果图,并且根据项目规划,给出项目数据库整体设计方案及创建步骤。

2.1 项 目 规 划

本书设计的项目名称是"畅享汇",它是一个学生图片作品展示平台。该项目曾获得浙江省第十二届大学生多媒体作品设计竞赛一等奖。为了便于学习,本书对该项目进行了较大改造,力争做到编码规范、易学易教。

2.1.1 需求分析

"畅享汇"是一个学生图片作品展示平台。根据作品展示的需要,该平台应具备以下几个基本功能:

(1) 用户可以注册成为会员。注册后,用户可以登录。

(2) 用户登录后,可以参与活动,如 PS 大赛。用户能发布图片作品,同时,可以对图片作品进行评论。

(3) 非注册用户可以浏览整个网站,但不能评论图片作品,也不能发布作品。

（4）管理员可以登录管理后台，可以管理用户、管理作品、管理活动和管理作品评论。

2.1.2 功能模块设计

项目总体分为前台和后台两部分，如表 2-1 所示。表中列出了整个项目前、后台的具体功能，以及具体的子页面。

表 2-1 "畅享汇"项目规划

前后台	模块名	子页面	描述
后台管理	登录	管理员登录页面	能实现管理员登录
	后台主页面	后台管理主页面	展示项目基本信息
	用户管理	添加用户页面	能实现用户的添加功能
		管理用户页面	能实现用户的删除等功能
		修改用户页面	能实现用户的修改功能
	活动管理	发布活动页面	能实现活动发布功能
		管理活动页面	能对实现活动删除、审核等功能
		修改活动页面	能实现活动修改功能
	作品管理	发布作品页面	能实现作品发布功能
		管理作品页面	能实现作品删除、审核等功能
		修改作品页面	能实现作品修改功能
	评论管理	发表评论页面	能实现评论发表功能
		管理评论页面	能实现评论删除等功能
		修改评论页面	能实现评论修改功能
前台展示	主页面	主页面	能实现管理员登录
	用户管理	用户登录页面	能实现用户登录功能
		用户注册页面	能实现用户注册等功能
	作品管理	作品展示页面	能实现展示作品详细信息的功能
		作品汇页面	能对实现多个作品同时展示功能
		作品发布页面	能实现作品发布功能
	活动管理	活动展示页面	能实现活动的详细展示功能，包括作品评论
		作品活动页面	能实现多个活动同时展示的功能

2.1.3 项目浏览

1. 前台展示部分

（1）主页面：如图 2-1 所示。

（2）用户登录页面：如图 2-2 所示。

（3）用户注册页面：如图 2-3 所示。

（4）作品展示页面：如图 2-4 所示。

（5）作品汇页面：如图 2-5 所示。

（6）作品发布页面：如图 2-6 所示。

（7）活动展示页面：如图 2-7 所示。

（8）作品活动页面：如图 2-8 所示。

第 2 章 | 项目规划与数据库设计

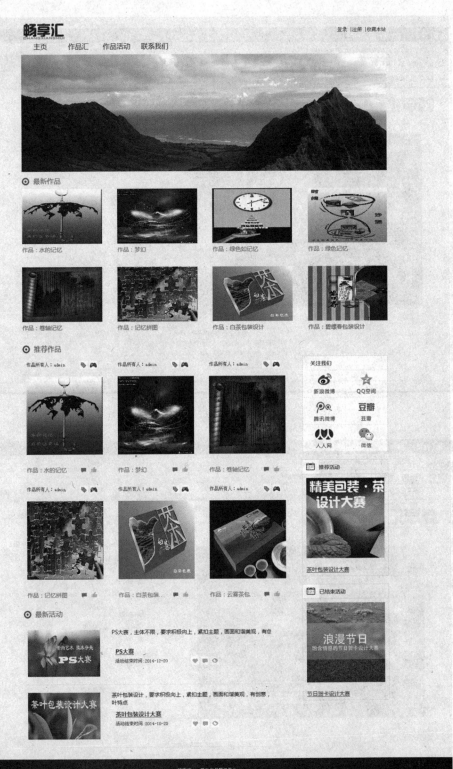

图 2-1 主页面

ASP.NET 项目开发实战

图 2-2　用户登录页面

图 2-4 作品展示页面

图 2-5 作品汇页面

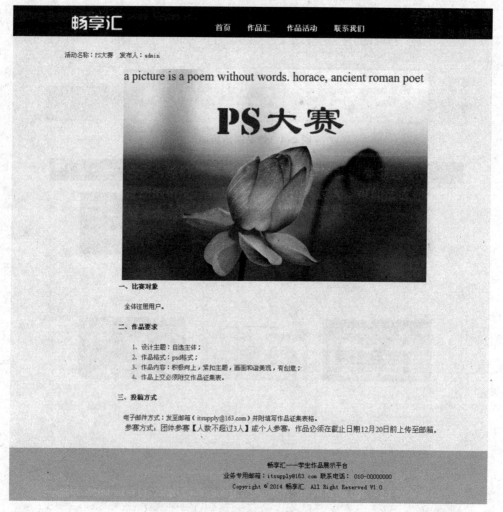

图 2-6 作品发布页面

图 2-7 活动展示页面

图 2-8　作品活动页面

2. 项目后台管理部分

（1）管理员登录页面：如图 2-9 所示。

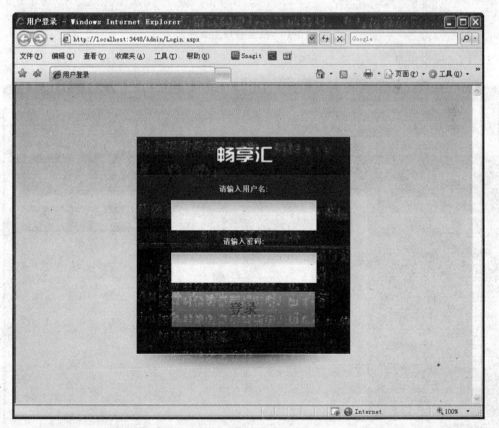

图 2-9　管理员登录页面

（2）后台管理主页面：如图 2-10 所示。

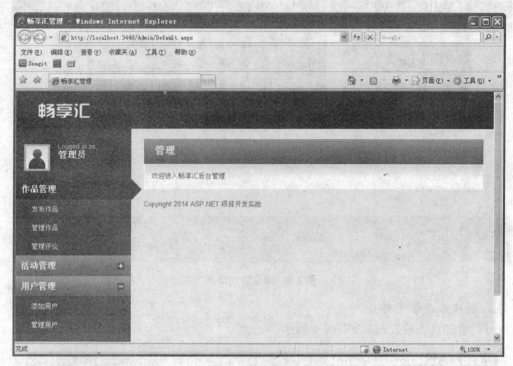

图 2-10　后台管理主页面

（3）添加用户页面：如图 2-11 所示。

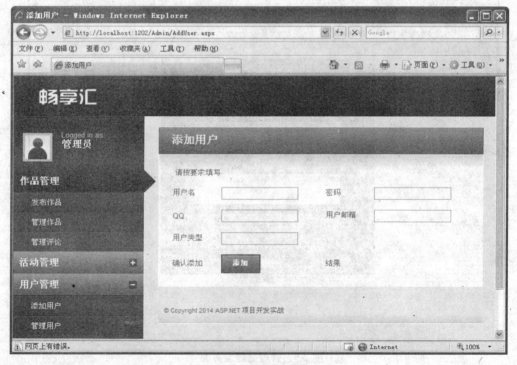

图 2-11　添加用户页面

(4) 管理用户页面：如图 2-12 所示。

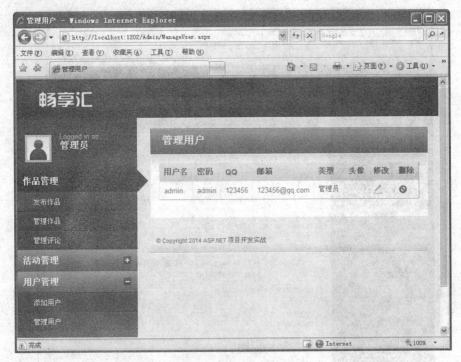

图 2-12　管理用户页面

(5) 修改用户页面：如图 2-13 所示。

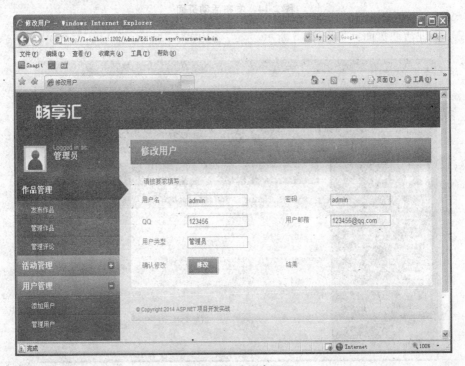

图 2-13　修改用户页面

（6）发布活动页面：如图 2-14 所示。

图 2-14　发布活动页面

（7）管理活动页面：如图 2-15 所示。

图 2-15　管理活动页面

(8）修改活动页面：如图 2-16 所示。

图 2-16　修改活动页面

(9）发布作品页面：如图 2-17 所示。

图 2-17　发布作品页面

（10）管理作品页面：如图 2-18 所示。

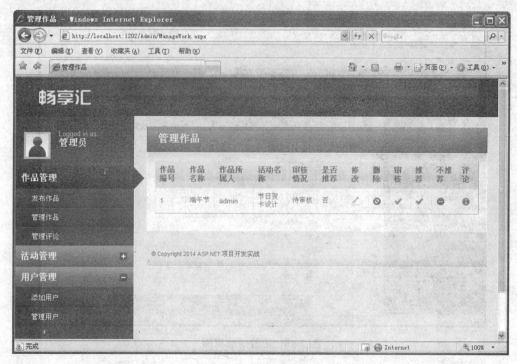

图 2-18　管理作品页面

（11）修改作品页面：如图 2-19 所示。

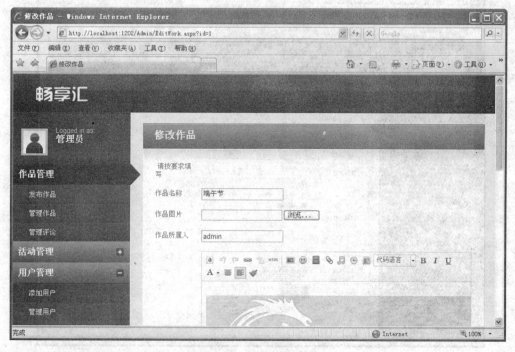

图 2-19　修改作品页面

(12) 发表评论页面：如图 2-20 所示。

图 2-20　发表评论页面

(13) 管理评论页面：如图 2-21 所示。

图 2-21　管理评论页面

(14) 修改评论页面：如图 2-22 所示。

图 2-22 修改评论页面

> **课堂拓展**
>
> 进一步分析"畅享汇"项目,列出新的功能模块。

2.2 数据库设计

【总体目标】设计并创建项目的数据库,包括各种表以及表间关系。

【技术要点】启动数据库管理系统,创建数据库,创建各个数据表,设置数据表属性,设置身份验证模式,设置 sa,创建表间关系。

【完成步骤】
(1) 创建数据库,包括数据库的初始设置。
(2) 创建数据表,建立表字段。
(3) 设置数据库,包括设置表属性、设置身份验证模式、设置 sa 及创建表间关系。

本项目采用 SQL Server 数据库,版本选择 SQL Server 2008,数据库名为 Works。总共设计了 5 张表,每张表的功能如表 2-2 所示。

表 2-2　数据表功能

表	功能
UserInfo	管理员和普通用户信息
Activity	作品活动信息
WorkInfo	作品信息
Comment	作品评论信息
Image	Banner 图片信息（预留给读者完成相应功能）

对于项目中的 5 张表，每张表的结构如表 2-3～表 2-7 所示。

表 2-3　UserInfo 表结构

字段名	数据类型	长度	允许空	说明
UserName	nvarchar	50	否	用户名和主键
Password	nvarchar	50	否	密码
QQ	nvarchar	12	是	QQ
Email	nvarchar	50	是	电子邮箱
Type	nchar	10	否	用户类型，默认"普通用户"
UserImg	nvarchar	250	是	用户头像

表 2-4　Activity 表结构

字段名	数据类型	长度	允许空	说明
ActivityID	int	4	否	活动编号、主键及标识
ActivityName	nvarchar	125	否	活动名称
EndTime	datetime	8	否	结束时间
ActivityPicture	nvarchar	250	否	图片
ActivityIntroduction	nvarchar	MAX	是	活动介绍
Summary	nvarchar	250	是	活动简介
ActivityVerify	nchar	10	否	活动状态，默认"待审核"
ActivityStatus	nchar	10	是	活动是否结束
UserName	nvarchar	50	否	用户名

表 2-5　WorkInfo 表结构

字段名	数据类型	长度	允许空	说明
WorkID	int	4	否	作品编号、主键及标识
WorkName	nvarchar	50	否	作品名称
WorkPicture	nvarchar	250	否	图片
UploadTime	datetime	8	否	上传时间
WorkIntroduction	nvarchar	MAX	是	介绍
WorkVerify	nchar	10	否	作品状态，默认"待审核"
UserName	nvarchar	50	否	用户
ActivityName	nvarchar	125	是	所属活动
Recommend	nchar	2	否	推荐，默认"否"
RecommendTime	datetime	8	是	推荐时间

表 2-6 Comment 表结构

字段名	数据类型	长度	允许空	说 明
CommentID	int	4	否	作品评论编号、主键及标识
WorkID	int	4	否	作品编号
WorkName	nvarchar	50	否	作品名称
UserName	nvarchar	50	否	用户名
CommentContent	nvarchar	MAX	否	评论内容
CommentTime	datetime	8	否	评论时间

表 2-7 Image 表结构

字段名	数据类型	长度	允许空	说 明
ImgID	int	4	否	图片编号、主键及标识
ImgUrl	nvarchar	50	否	图片路径
ImgText	nvarchar	50	否	图片信息
ImgLink	nvarchar	100	否	图片超链接
ImgAlt	nvarchar	50	否	图片备注

注意

设置字段为"标识",说明数字会自增,如每次增 1。

2.2.1 创建数据库

创建数据库的方法和步骤如下所述:

(1) 依次单击【开始】菜单中的【程序】|【Microsoft SQL Server 2008】|【SQL Server Management Studio】命令,打开【连接到服务器】窗口,如图 2-23 所示。填写或选择服务器名称后,单击【连接】按钮,建立与数据库引擎(服务器)的连接,并进入 SQL Server 2008 的管理集成环境。

图 2-23 【连接到服务器】窗口

技术细节

localhost 指本地服务器。应根据实际情况选择服务器名称，操作如下：在下拉列表框中选择【浏览更多…】命令，然后在弹出的【查询服务器】窗口的【本地服务器】选项卡中，根据需求选择【数据库引擎】中的不同选项。

（2）在集成环境的【对象资源管理器】窗口中，右键单击【数据库】，然后选择【新建数据库】命令，如图 2-24 所示，打开【新建数据库】窗口。

（3）如图 2-25 所示，在【新建数据库】窗口中执行如下操作：①输入新建的数据库名称"Works"；②设置行数据文件初始增大小为"10MB"；③设置事务日志文件增量为"10%"；④选择文件存储路径"C:\DATA"。

设置好后单击【确定】按钮，完成数据库的创建操作。

图 2-24　选择【新建数据库】命令

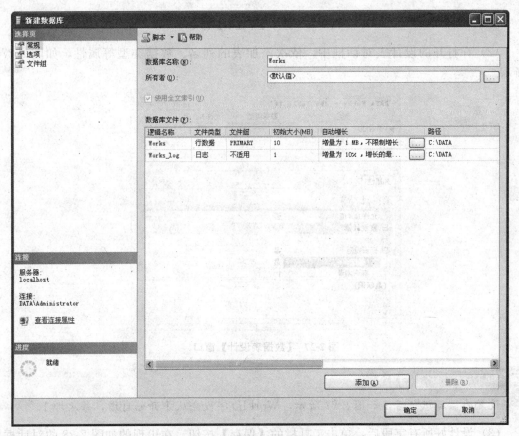

图 2-25　【新建数据库】窗口

2.2.2 创建数据表

本项目将创建 5 张数据表，每张表都有不同的数据结构，在创建过程中要注意字段的大小写。

创建数据表的方法和步骤如下所述：

（1）在集成环境中展开 Works 数据库节点，然后右击【表】对象，在打开的快捷菜单中选择【新建表】命令，如图 2-26 所示。

图 2-26 选择【新建表】命令

（2）在打开的设计表对话框中，依次添加表的列名、数据类型等属性，如图 2-27 所示。

图 2-27 【数据表设计】窗口

技术细节

设置为"标识"后，如图 2-27 所示，WorkID 字段会从 1 开始自增，每次增 1。

（3）设计好所有字段后，单击工具栏的【保存】按钮，在出现的如图 2-28 的对话框中输入表名"WorkInfo"，然后单击【确定】按钮，完成表的建立。

图 2-28　保存数据表

（4）按照同样的方法设计 UserInfo 表、Activity 表、Comment 表和 Image 表。

2.2.3　设置数据库

数据表创建好后，还需要设置数据库，包括设置数据表属性、设置数据库用户、设置表间关系。

1. 设置表属性

本数据库主要涉及主键设置、默认值设置和标识设置。其中，标识设置如图 2-27 所示。

1）设置主键

在【对象资源管理器】中展开 Works 数据库，然后右击【WorkInfo】表，在弹出的快捷菜单中选择【设计】命令，启动表设计器。选择【WorkID】字段，右击鼠标，然后选择【设置主键】命令，如图 2-29 所示。

图 2-29　选择【设置主键】命令

2）设置默认值

在【对象资源管理器】中展开 Works 数据库，然后右击【WorkInfo】表，在弹出的快捷菜单中选择【设计】命令，启动表设计器。选择【WorkVerify】字段，在下面的【列属性】的【默认值】栏中输入"待审核"，如图 2-30 所示。

2. 设置身份验证模式

SQL Server 身份验证模式：身份验证模式是指 SQL Server 如何处理用户名和密码，SQL Server 提供了两种验证模式：Windows 身份验证模式和混合验证模式。

第 1 种：Windows 身份验证模式。Windows 身份验证模式是指当用户通过 Windows

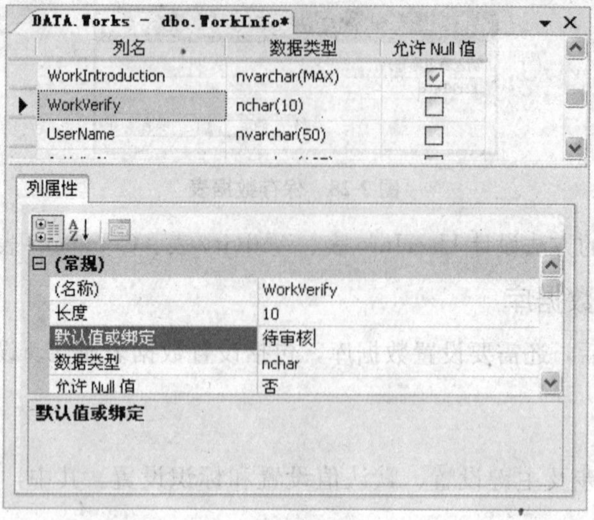

图 2-30 设置默认值

用户账户进行连接时，SQL Server 使用 Windows 操作系统中的信息验证账户名和密码，用户不必重复提交登录名和密码。当数据库仅在内部访问时，使用 Windows 身份验证模式可以获得最佳工作效率。

第 2 种：混合模式。使用混合身份验证模式，可以同时使用 Windows 身份验证和 SQL Server 身份验证。当要使用 SQL Server 登录名连接数据库时，必须将服务器身份验证设置为"SQL Server 和 Windows 身份验证模式"。一般用于外部远程访问，比如程序开发中的数据库访问。

（1）打开【服务器属性】窗口。在【对象资源管理器】中，右击当前连接对象，在如图 2-31 所示的弹出菜单中选择【属性】命令，打开如图 2-32 所示的【服务器属性】窗口。

图 2-31 选择【属性】命令

图 2-32 【服务器属性】窗口

（2）设置身份验证模式。在【服务器属性】窗口，选择左边标签中的【安全性】选项，可看到【服务器身份验证】选择，选中【SQL Server 和 Windows 身份验证模式(S)】单选按钮，如图 2-33 所示，单击【确定】按钮，完成身份验证模式设置。

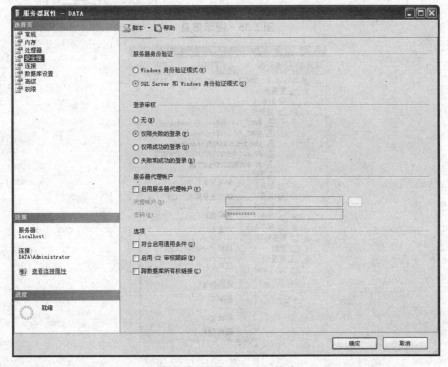

图 2-33 设置身份验证模式

(3) 重启服务器。设置好身份验证后，需要重启服务器。如图 2-34 所示，选择【重新启动】命令，按照提示信息重新启动服务器。

通过上述几步完成 SQL Server 身份验证模式的设置，就可以采用 SQL Server 身份验证来登录。

3. 设置 sa

当建立数据库关系图时，弹出如图 2-35 所示的提示信息，指出需要为 Works 数据库设置一个有效的登录名。在 SQL Server 中有一个默认的登录名 sa。sa 是 Super Administrator 的简称，是 SQL Server 的默认管理员账户。

设置 sa 为 Works 数据库的有效登录名的步骤如下所述。

1) 设置 sa 属性

在【对象资源管理器】窗口中，依次选择【安全性】|【登录名】命令，然后右键单击【sa】，并选择【属性】命令，如图 2-36 所示，打开【登录属性-sa】窗口。

图 2-34 选择【重新启动】命令

图 2-35 提示信息

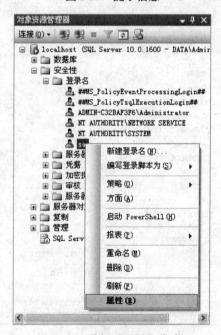

图 2-36 选择【属性】命令

在属性窗口中设置登录名 sa 的密码。这里设置为"123",如图 2-37 所示。

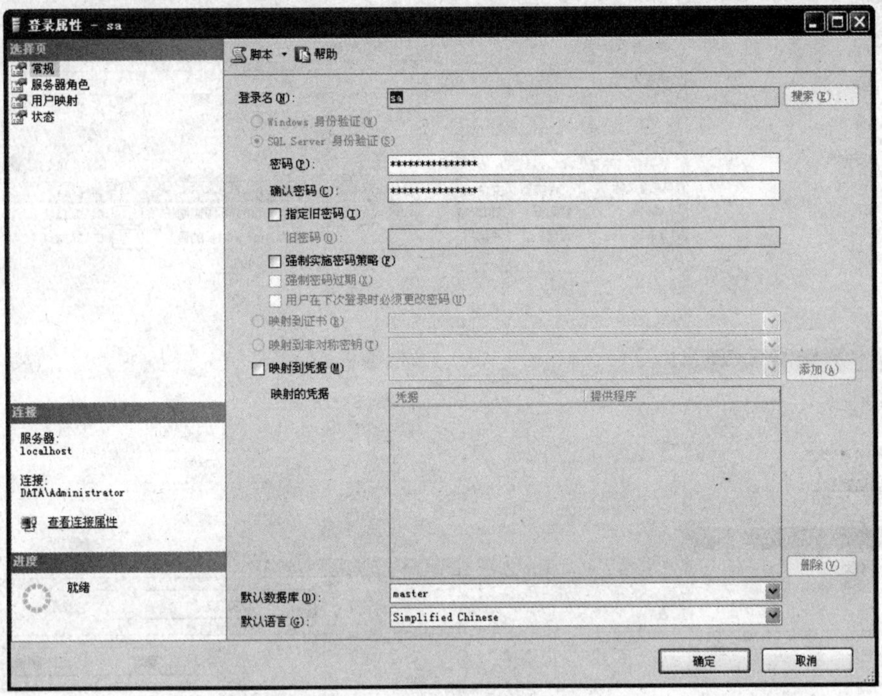

图 2-37 设置 sa 密码

2)设置数据库用户

如图 2-38 所示,在【对象资源管理器】中右键单击【Works】数据库,然后选择【属性】命令,打开【数据库属性-Works】窗口。在【数据库属性-Works】窗口中,将"所有者"设置为"sa",如图 2-39 所示,然后单击【确定】按钮,完成设置。

图 2-38 选择【属性】命令

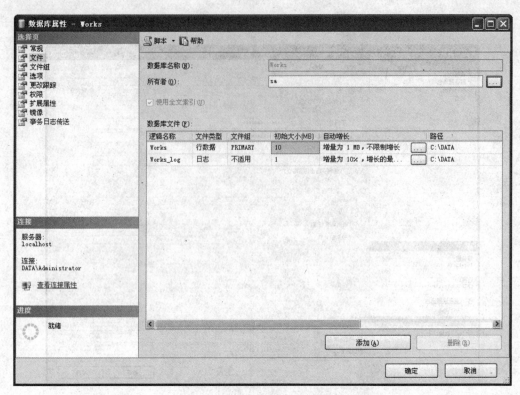

图 2-39　设置数据库所有者

4．创建表间关系

创建表间关系的步骤如下所述：

（1）在【对象资源管理器】窗口中选择【Works】数据库，然后右击【数据库关系图】命令，再选择【新建数据库关系图（N）】命令，如图 2-40 所示。

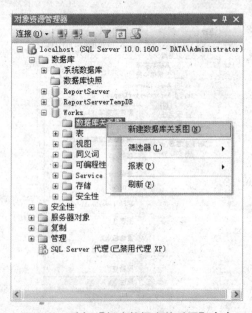

图 2-40　选择【新建数据库关系图】命令

(2) 将 UserInfo、WorkInfo、Comment、Activity 四张表添加进来。Image 表与所有表都没有关系，不用添加进来。将 UserInfo 表的 UserName 字段和另外三张表的 UserName 字段相连，如图 2-41 所示。应用同样的方法，将 WorkInfo 表的 WorkID 和 Comment 表的 WorkID 连接起来。最后，保存数据库关系图，完成创建表间关系。图 2-42 所示为 Works 数据库的关系图。

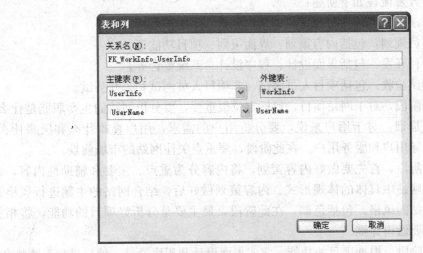

图 2-41 创建关系

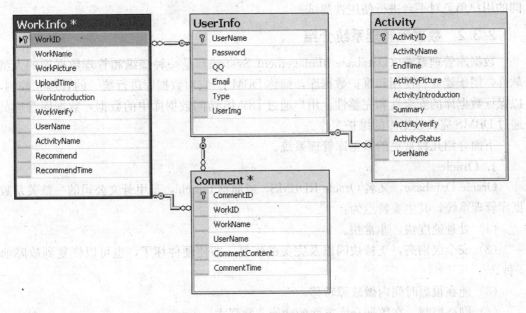

图 2-42 Works 数据库关系图

课堂拓展

根据对项目的理解，为其设计至少一个新功能，并设计对应新功能的数据表。

2.3 相关技术知识

2.3.1 项目开发流程

一般的项目开发流程如下所述：
第1步，需求分析：包括目标定位、用户分析、市场前景等。
第2步，项目规划：包括内容策划、界面策划、项目功能等。
第3步，项目开发：包括界面设计、程序设计、系统整合等。
第4步，测试验收：包括项目人员测试、非项目人员测试和公开测试。

在需求分析阶段，对于网站项目，目标定位很重要，要分析网站的主要职能是什么，网站的用户对象是谁。对于用户来说，要分析用户的需求，用户喜欢什么和厌恶什么，还要分析如何引导用户和服务用户。在此阶段，要重点关注网站的市场前景。

在项目规划阶段，首先要做好内容策划，将内容分为重点、主要和辅助性内容，并设计这些内容在网站中具体的体现形式。内容策划做好后，结合网站的主题进行风格策划，设计整个网站的风格，包括色调。在此阶段，最主要是分析好项目的功能，将相关功能进行归类，要做得详细。

在项目开发阶段，根据项目的功能，完成界面设计和程序设计，然后进行系统整合。

在测试验收阶段，不仅需要开发人员参与测试，还需要邀请非项目参与人员作为不同的用户角色对平台进行使用性测试。

2.3.2 数据库管理系统介绍

数据库管理系统（Database Management System）是一种操纵和管理数据库的大型软件，用于建立、使用和维护数据库，简称 DBMS。它对数据库进行统一的管理和控制，以保证数据库的安全性和完整性。用户通过 DBMS 访问数据库中的数据，数据库管理员通过 DBMS 完成数据库的维护工作。

下面介绍几种常见的数据库管理系统。

1. Oracle

Oracle Database，又名 Oracle RDBMS，或简称 Oracle，是甲骨文公司的一款关系数据库管理系统，其主要特点为：

（1）处理速度快，非常快。
（2）安全级别高，支持快闪以及完美的恢复。即使硬件坏了，也可以恢复到故障前1秒。
（3）能在很短时间内做故障转移。
（4）网格控制，在数据仓库方面的功能非常强大。

2. MySQL

MySQL 是一个开放源码的小型关联式数据库管理系统，开发者为瑞典 MySQL AB 公司，目前属于 Oracle 公司。MySQL 被广泛地应用在 Internet 上的中小型网站中。其体积小、速度快、总体拥有成本低，尤其具有开放源码这一特点。许多中小型网站为了降低网站总体拥有成本，选择 MySQL 作为网站数据库。

MySQL 的特点为：
（1）开放源码。
（2）高度非过程化。
（3）面向集合的操作方式。
（4）以一种语法结构提供多种使用方式。
（5）语言简洁，易学易用。

3．Access

Access 即 Microsoft Office Access，它是微软公司把数据库引擎的图形用户界面和软件开发工具结合在一起的一个数据库管理系统。它是微软 Office 的一个成员，在包括专业版和更高版本的 Office 版本里面被单独出售。

Access 的特点为：
（1）存储方式单一，便于用户操作和管理。
（2）界面友好、易操作。Access 是一个可视化工具，其风格与 Windows 完全一样。用户想要生成对象并应用，用鼠标拖放即可，非常直观、方便。
（3）集成环境，处理多种数据信息。
（4）Access 支持 ODBC。

4．MS SQL Server

SQL Server 诞生于 1988 年，首版由微软公司与 Sybase 共同开发，是运行于 OS/2 上的联合应用程序。从 1993 年开始，微软公司发布了许多版本，其功能越来越强，操作越来越简单，应用越来越广。

SQL Server 的特点为：
（1）真正的客户/服务器体系结构。
（2）图形化用户界面，更加直观、简单。
（3）丰富的编程接口工具，为用户进行程序设计提供更多选择余地。
（4）SQL Server 和 Windows NT 集成，可以利用 NT 的众多功能。
（5）具有很好的伸缩性，可跨界运行。
（6）支持 Web 技术，使用户很容易地将数据库中的数据发布到 Web 上。

 本章小结

本章介绍"畅享汇"项目的整体规划，并且给出项目的页面预览，让读者对项目有一个大概的了解；然后，给出了创建项目数据库的完整步骤，让读者能够轻松创建项目的数据库。

本章技术要点如下所述：
（1）项目需求分析。
（2）项目整体规划。
（3）创建数据库的步骤。
（4）如何设置数据库。

实训指导

[实训目的要求]

1. 掌握项目开发流程。
2. 掌握创建数据库的方法。
3. 掌握数据表设计方法。
4. 掌握数据库设置方法。

[实训内容]

从本章实训开始,读者从本书第 7 章选择一个实战项目,或者根据实际情况自定一个项目题目,并按照实训要求完成。

题目一:对实战项目进行整体规划。

题目二:对实战项目进行数据库设计。

第 3 章　生成项目框架

本章知识目标

- 掌握三层架构原理
- 掌握动软代码生成器的使用方法
- 掌握面向对象编程的基础知识

本章能力目标

- 能够应用动软代码生成器生成三层架构系统
- 能够对生成的三层架构进行简单的整理
- 能够编写简单的类

提到三层架构，特别是初学者，觉得无从下手，无法理解它的工作原理。其实，三层架构很简单，无非就是把对数据库数据的操作写成了方法，就像打电话一样，只需要点击拨号键就行，无须知道它是怎样拨号的。

本项目将使用动软代码生成器。它是动软卓越（北京）科技有限公司提供的一个免费的代码生成器。安装完成后，单击动软代码生成器图标就能启动它。使用动软代码生成器直接生成三层架构系统，能节省很多重复编码的时间。

要想看懂自动生成的代码，需要读者熟悉面向对象编程的基础知识。在慢慢理解三层架构的工作原理后，希望读者能手动搭建三层架构，完成本项目的实训内容。

3.1　使用动软代码生成器生成项目

【总体目标】使用动软代码生成器生成项目。
【技术要点】下载并安装动软代码生成器，然后生成项目。
【完成步骤】
(1) 下载并安装动软代码生成器。
(2) 使用动软代码生成器生成项目。

3.1.1　下载并安装动软代码生成器

动软代码生成器的官方下载地址是：http://www.maticsoft.com/download.aspx。

下载后，解压压缩包，然后双击 Codematic2.msi 直接安装。安装成功后，在【开始】菜单和桌面上会出现动软.NET 代码生成器的图标。

3.1.2 生成项目

1. 注册数据库连接

（1）添加服务器。如图 3-1 所示，右击【服务器】。

（2）选择【添加服务器】命令，出现【选择数据库类型】窗口，如图 3-2 所示。

图 3-1 添加服务器

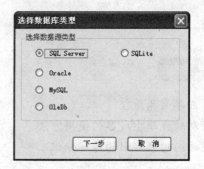

图 3-2 【选择数据库类型】窗口

（3）选中【SQL Server】单选按钮后，进入图 3-3 所示窗口。【服务器名称】输入"localhost"，【服务器类型】选择"SQL Server2008"，【身份验证】默认选择"SQL Server 身份认证"，【登录名】默认"sa"，【密码】输入"123"。登录名和密码可以根据之前数据库管理系统设置的登录名和密码来设置。

图 3-3 【连接到服务器】窗口

2. 生成项目

（1）新建 NET 项目，如图 3-4 所示。

第 3 章 生成项目框架

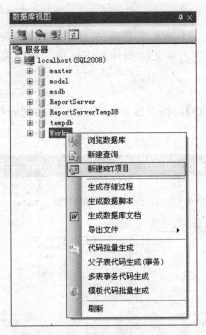

图 3-4 新建 NET 项目

（2）选择项目类型和版本，如图 3-5 所示。

①简单三层结构：生成标准的三层架构项目。

②工厂模式结构：生成基于工厂模式的项目架构，适合一个项目多数据库类型的情况。

③简单三层结构（管理）：生成标准的三层架构项目，并且带有基本的系统管理功能和界面。这些通用的功能主要能节省开发人员的时间，可以在此基础上直接开发自身业务模块。

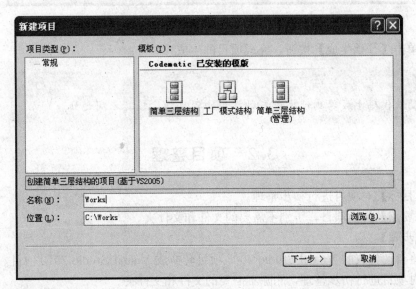

图 3-5 创建项目

55

技术细节

只是想节约开发时间，选择生成简单三层结构就可以了。默认生成的是 Visual Studio 2005 项目，如果用更高版本开发，需要转换一下。如果有多种类型数据库，可以考虑使用工程模式结构。

（3）选择数据库【Works】，将 5 张表添加到右侧的列表框，并将【命名空间】设置为"Works"，如图 3-6 所示。

图 3-6 参数设置

（4）单击【开始生成】按钮，完成项目的生成。

课堂拓展

使用动软代码生成器测试生成三种结构的项目，比较其不同之处。

3.2 项目整理

【总体目标】对项目进行初步整理。
【技术要点】转换项目，辨别不需要的文件和文件夹。
【完成步骤】
（1）将自动生成的 Visual Studio 2005 项目转换成 Visual Studio 2010 项目。
（2）对项目进行初步整理，删除不需要的文件和文件夹。

3.2.1 转换项目

(1) 双击解决方案文件,打开项目。因为系统默认启动 Visual Studio 2010,所以进入【Visual Studio 转换向导】页面,如图 3-7 所示。

图 3-7 【Visual Studio 转换向导】页面

(2) 单击【下一步】按钮,选择是否需要备份,如图 3-8 所示。

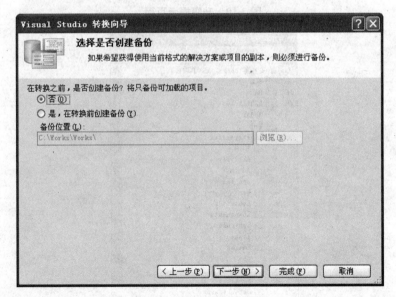

图 3-8 选择是否需要备份

(3) 单击【下一步】按钮,进入【转换准备就绪】页面,然后单击【完成】按钮,完成项目的转换,如图 3-9 所示。

(4) 升级提示。如图 3-10 所示,单击【是】按钮,开始转换项目。完成后,生成一

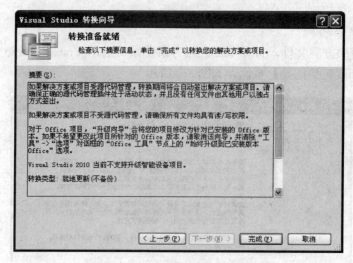

图 3-9 【转换准备就绪】页面

个转换报告。图 3-11 给出了转换后的项目页面效果图。

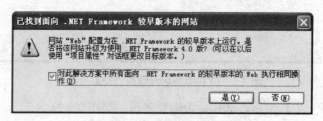

图 3-10 升级提示页面

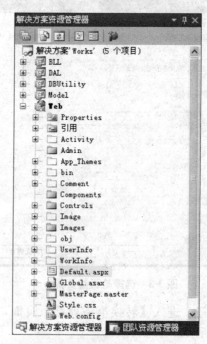

图 3-11 转换后的项目页面

3.2.2 项目初步整理

对项目进行初步整理，将一些明显不需要的文件删除。

1. 重新生成解决方案

（1）在【解决方案资源管理器】中右键单击【解决方案'Works'（5个项目）】选项，然后选择【重新生成解决方案（R）】命令，如图 3-12 所示。

图 3-12　重新生成解决方案

（2）排除错误，如图 3-13 和图 3-14 所示。

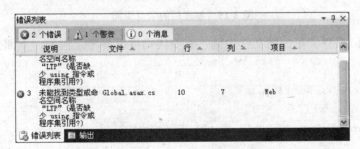

图 3-13　错误提示

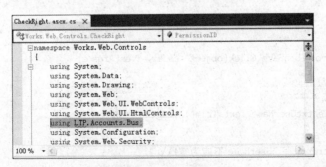

图 3-14　错误语句

两个错误都需要删除"using LTP. Accounts. Bus;"语句。保存后,重新生成解决方案。解决方案重新生成成功后,系统基本能运行了。

2. 删除明显不需要的文件

在Web项目中生成了以数据表名为文件名的几个文件夹:Activity、Comment、Image、UserInfo和WorkInfo。这几个文件夹可以删除,也可以保留下来,里面有些代码可以参考。整理后的项目页面效果图如图3-15所示。

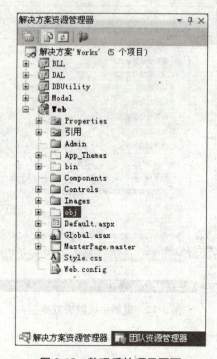

图3-15 整理后的项目页面

以UserInfo文件夹里面的文件为例,有些代码可以参考。例如,下面是添加的用户代码:

```
public partial class Add : Page
{
    protected void Page_Load(object sender, EventArgs e)
    {

    }

    protected void btnSave_Click(object sender, EventArgs e)
    {
        string strErr = "";
        if(this.txtUserName.Text.Trim().Length = = 0)
        {
            strErr + = "UserName 不能为空!\\n";
        }
```

```
if(this.txtPassword.Text.Trim().Length==0)
{
    strErr+="Password 不能为空!\\n";
}
if(this.txtQQ.Text.Trim().Length==0)
{
    strErr+="QQ 不能为空!\\n";
}
if(this.txtEmail.Text.Trim().Length==0)
{
    strErr+="Email 不能为空!\\n";
}
if(this.txtType.Text.Trim().Length==0)
{
    strErr+="Type 不能为空!\\n";
}
if(this.txtUserImg.Text.Trim().Length==0)
{
    strErr+="UserImg 不能为空!\\n";
}

if(strErr!="")
{
    MessageBox.Show(this,strErr);
    return;
}
string UserName = this.txtUserName.Text;
string Password = this.txtPassword.Text;
string QQ = this.txtQQ.Text;
string Email = this.txtEmail.Text;
string Type = this.txtType.Text;
string UserImg = this.txtUserImg.Text;

Works.Model.UserInfo model = new Works.Model.UserInfo();
model.UserName = UserName;
model.Password = Password;
model.QQ = QQ;
model.Email = Email;
model.Type = Type;
model.UserImg = UserImg;

Works.BLL.UserInfo bll = new Works.BLL.UserInfo();
bll.Add(model);
```

```
            Maticsoft.Common.MessageBox.ShowAndRedirect(this,"保存成功！","add.aspx");
        }

        public void btnCancle_Click(object sender, EventArgs e)
        {
            Response.Redirect("list.aspx");
        }
    }
```

> **课堂拓展**
>
> (1) 熟悉生成的三层架构项目的结构。
> (2) 尽可能多地删除不需要的内容。
> (3) 手动搭建三层架构，可以复制自动生成的关键代码，节省编码时间。

3.3 相关技术知识

3.3.1 三层架构介绍

1. 什么是三层架构

三层架构通常是指将整个业务应用划分为表示层（UI）、业务逻辑层（BLL）和数据访问层（DAL），目的是实现"高内聚，低耦合"。其中，表示层是展现给用户的界面；业务逻辑层是针对具体问题的操作，是对数据访问层的操作，对数据业务进行逻辑处理；数据访问层直接操作数据库，针对数据执行插入、修改、删除和查找等操作。

三层架构的分层结构如图 3-16 所示。

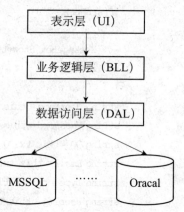

图 3-16 三层架构的分层结构

2. 三层架构中各层的作用

(1) 表示层（UI）：主要指与用户交互的界面，用于接收用户输入的数据和显示处理后用户需要的数据。

(2) 业务逻辑层（BLL）：是 UI 层和 DAL 层之间的桥梁，用于实现业务逻辑。业务逻辑包含验证、计算、业务规则等。

(3) 数据访问层（DAL）：与数据库打交道，主要实现对数据的增、删、改、查；将存储在数据库中的数据提交给业务层，同时将业务层处理的数据保存到数据库。当然，这些操作都是基于 UI 层的。用户的需求反映给界面（UI），UI 反映给 BLL，BLL 反映给 DAL，DAL 进行数据的操作，操作后再一一返回，直到将用户所需数据反馈给用户。

图 3-17 所示为各层之间的数据交流情况。

3. 三层架构的优点

采用三层结构能够使项目结构更清楚，分工更明确，有利于后期的维护和升级。三

层架构主要有以下几个优点:
(1) 开发人员可以只关注整个结构中的某一层。
(2) 可以很容易地用新的实现来替换原有层次的实现。
(3) 可以降低层与层之间的依赖。
(4) 有利于标准化。
(5) 利于各层逻辑的复用。
(6) 结构更加明确。
(7) 在后期维护时,极大地降低了维护成本和维护时间。

4. 三层架构的缺点

(1) 降低了系统的性能。如果不采用分层式结构,很多业务可以直接访问数据库,获取相应的数据,如今却必须通过中间层来完成。

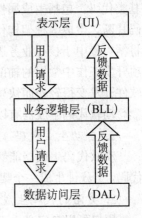

图 3-17 三层架构中各层的数据交流

(2) 有时会导致级联的修改。这种修改尤其体现在自上而下的方向。如果在表示层中需要增加一个功能,为保证其设计符合分层式结构,可能需要在相应的业务逻辑层和数据访问层中都增加相应的代码。

(3) 增加了代码量,加重了工作量。

5. 关于 Model 层

Model 层中有什么?仅仅是一些实体类。int、string、double 等也是类。Model 层在三层架构中是可有可无的。这样,Model 层在三层架构中的位置和 int、string 等变量的地位一样,没有其他目的,仅用于数据存储,只不过它存储的是复杂的数据。所以,如果项目中的对象都非常简单,不用 Model 层,而直接传递多个参数,也能实现三层架构。

那为什么还要建立 Model 层呢?下面的例子能说明 Model 层的作用。

例如,在各层间传递参数时,可以这样:

AddUser(UserName,UserPassword,UserType)

也可以建立 Model 层,代码变成:

AddUser(UserInfo)

显然,采用第二种方式较好,它使得传递参数很方便。

6. 关于数据操作类 DbHelperSQL

在后面的内容中,在 DAL 层添加了一个数据操作类 DbHelperSQL,其主要作用是封装了一些对数据的操作,并将这些操作写成一个个方法,放在一个类中方便 DAL 层调用,实现了代码的重复使用。

限于篇幅,将在本书配套网站上给出关于三层架构的系列文章,供读者学习。

3.3.2 动软代码生成器

动软代码生成器是一款完全自主知识产权研发的为软件项目开发设计的自动代码生成器,也是一个软件项目智能开发平台,由动软卓越(北京)科技有限公司开发。它可以生成基于面向对象的思想和三层架构设计的代码,它结合了软件开发中经典的思想和设计模式,融入了工厂模式、反射机制等思想,主要实现在对应数据库中自动生成表的基类代码，包括生成属性、添加、修改、删除、查询、存在性、Model 类构造等基础代码片断，生成 3 种架构代码，使程序员节省大量机械录入的时间并减少重复劳动，能够将精力集中于核心业务逻辑的开发。动软代码生成器同时提供便捷的开发管理功能和多项开发工作中常用的辅助工具功能，使开发人员可以很方便、轻松地进行项目开发，让软件开发变得轻松而快乐。

动软代码生成器有以下特点：

1. 自动生成代码

动软代码生成器能够一键自动生成各种代码，以便节省大量的时间来做业务逻辑的代码，1 分钟生成一个架构所有的基本代码。有了它，开发项目的效率提高很多。

2. 灵活的代码生成方式

用户可以自定义手工选择生成的字段，还可以自由设定命名空间和实体类名。而且，动软代码生成器可以自动生成方法、属性、注释，支持对表和视图的代码生成。特别的，动软代码生成器支持对多种类型数据库生成代码，如 SQL Server 2000/2008、Oracle、MySQL、OLEDB 等。

动软代码生成器下载地址为 http://www.maticsoft.com/codematic.aspx。

3.3.3 面向对象编程

1. 面向对象的基本特点

对象（Object）是一件事、一个实体、一个名词，是可以获得的东西，也可以是自己大脑中想象的可以标识的任何东西。简单地说，一切都是对象，例如人、计算机、桌子等。在程序设计中，对象是包含数据和操作该数据的方法的结构。前面用到的按钮、标签和文本框都是对象。

1）封装性

封装性是一种信息隐蔽技术，是对象重要的特性。封装使数据和操作该数据的方法（函数）封装为一个整体，形成独立性很强的模块，使得用户只能看到对象的外部特性，而看不到其内部特性。封装使对象的设计者和对象的使用者分开，使用者只要知道对象可以做什么，而无须知道是怎么做出来的。借助封装，有利于提高类和系统的安全性。

2）继承性

继承是一种由已有类创建新类的机制。利用继承，可以先创建一个共有属性的一般类，然后根据这个一般类创建具有特殊属性的新类。新类继承一般类的方法，并根据需要增加自己的新方法。由继承得到的类称为子类，被继承的类称为父类。当然，子类也可以成为父类。

3）多态性

同一个信息被不同的对象接收时可能产生完全不同的行为，这就是对象的多态性。通过继承过程中的方法重写，可以实现对象的多态。多态可以改善程序的组织构架，提高程序的可读性，也使程序更容易扩充。

2. 类的概念

类（Class）实际上是对某种类型的对象定义变量和方法的原型。它表示对现实生活中一类具有共同特征的事物的抽象,是面向对象编程的基础。

类的作用类似于蓝图,指定该类型可以进行哪些操作。从本质上说,对象是按照此蓝图分配和配置的内存块。程序可以创建同一个类的多个对象。对象也称为实例,可以存储在命名变量中,也可以存储在数组或集合中。

面向对象程序设计的主要工作就是设计类。声明类的语法格式如下所述:

［类修饰符］class 类名［：基类］
{
　……
}

例如,定义一个用户类,代码如下所示:

```
public class UserInfo
{
    //用户类的成员,可以是字段、方法、属性等
}
```

通过使用 new 关键字(后跟对象将基于的类的名称),可以创建对象,如下所示:

```
UserInfo userinfo = new UserInfo();
```

所有类型和类型成员都具有可访问性级别,用来控制是否可以在程序集的其他代码或其他程序集中使用它们。可使用如表 3-1 所示的访问修饰符指定声明类型,或成员类型,或成员的可访问性。

表 3-1 访问修饰符

列名	说明
public	同一程序集中的任何其他代码或引用该程序集的其他程序集都可以访问该类型或成员
private	只有同一类或结构中的代码可以访问该类型或成员
protected	只有同一类或结构,或者此类的派生类中的代码才可以访问该类型或成员
internal	同一程序集中的任何代码都可以访问该类型或成员,但其他程序集中的代码不可以
protected internal	由其声明的程序集或另一个程序集派生的类中的任何代码都可访问的类型或成员。从另一个程序集访问时,必须在类声明中派生。该类声明派生自其中声明受保护的内部元素的类,并且必须通过派生的类的实例发生

3.类的基本成员

类具有表示其数据和行为的成员。类的成员包括在类中声明的所有成员,以及在该类的继承层次结构中的所有类中声明的所有成员(构造函数和析构函数除外)。基类中的私有成员被继承,但不能从派生类访问。

表 3-2 列出了类的成员。本项目只介绍几个主要的成员。

表 3-2 类的成员

成员	说　明
字段	字段是在类范围声明的变量。字段可以是内置数值类型或其他类的实例。例如，日历类可能具有一个包含当前日期的字段
常量	常量是在编译时设置其值，并且不能更改其值的字段或属性
属性	属性是类中可以像类中的字段一样访问的方法。属性可以为类字段提供保护，以避免字段在对象不知道的情况下被更改
方法	方法定义类可以执行的操作。方法可以接受提供输入数据的参数，并且可以通过参数返回输出数据。方法还可以不使用参数而直接返回值
事件	事件向其他对象提供有关发生的事情（如单击按钮，或成功完成某个方法）的通知。事件是使用委托定义和触发的
运算符	重载运算符被视为类成员。在重载运算符时，在类中将该运算符定义为公共静态方法。预定义运算符（+、*、< 等）不考虑作为类成员
索引器	使用索引器可以用类似于数组的方式为对象建立索引
构造函数	构造函数是在第一次创建对象时调用的方法。它们通常用于初始化对象的数据
析构函数	C# 中极少使用析构函数。析构函数是当对象即将从内存中移除时由运行时执行引擎调用的方法。它们通常用来确保任何必须释放的资源都得到适当的处理
嵌套类型	嵌套类型是在其他类型中声明的类型，通常用于描述仅由包含它们的类型所使用的对象

1）字段

字段是在类范围声明的变量。字段可以是内置数值类型或其他类的实例。例如，用户类可能具有一个包含当前用户名的字段。

字段可标记为 public、private、protected、internal 或 protected internal。这些访问修饰符定义类的使用者访问字段的方式。

例如，在用户类中定义一个用户名字段，代码如下所示：

```
class UserInfo
{
    public string username;
}
```

若要访问对象中的字段，应在对象名称后面添加一个句点，然后添加该字段的名称，比如：

```
UserInfo userinfo = new UserInfo();
userinfo.username = "张俊";
```

2）属性

属性是类中可以像类中的字段一样访问的方法。属性为类字段提供保护，以避免字段在对象不知道的情况下被更改。

属性使类能够以一种公开的方法获取和设置值，同时隐藏实现或验证代码。其中，get 属性访问器用于返回属性值，set 访问器用于分配新值。这些访问器可以有不同的访问级别。value 关键字用于定义由 set 取值函数分配的值，不实现 set 取值函数的属性是只读的。对于不需要任何自定义访问器代码的简单属性，可考虑选择使用自动实现的属性。

例如，定义一个用户名的属性，代码如下所示：

```
public class UserInfo
{
    private string username;
    public string UserName{
    set
    {
        username = value;
    }
    get
    {
        return username;
    }
    }
}
```

其中，get 访问器体与方法体相似，它必须返回属性类型的值。执行 get 访问器相当于读取字段的值。set 访问器类似于返回类型为 void 的方法，它使用称为 value 的隐式参数，此参数的类型是属性的类型。

3）方法

方法是包含一系列语句的代码块。程序通过调用方法并指定所需的任何方法参数来执行语句。在 C♯ 中，每个执行指令都是在方法的上下文中执行的。

例如，定义一个删除一条用户记录的方法，代码如下所示：

```
public bool Delete(string UserName)
{
    ……//删除一条用户记录代码
}
```

4）构造函数

任何时候，只要创建类，就会调用它的构造函数。类可能有多个接受不同参数的构造函数。构造函数使得程序员可设置默认值、限制实例化以及编写灵活且便于阅读的代码。

如果没有为对象提供构造函数，则默认情况下，C♯ 将创建一个构造函数。该构造函数实例化对象，并将成员变量设置为默认值表中列出的默认值。静态类和结构也可以有构造函数。

构造函数是在创建给定类型的对象时执行的类方法。构造函数具有与类相同的名称，它通常初始化新对象的数据成员。

例如，用户类的构造函数如下所示：

```
public class UserInfo
{
    public UserInfo()
    {
```

```
        //构造函数内容
    }
}
```

5)析构函数

析构函数用于析构类的实例。不能在结构中定义析构函数,只能对类使用析构函数;并且,一个类只能有一个析构函数,无法继承或重载析构函数,无法调用析构函数。析构函数既没有修饰符,也没有参数。

例如,用户类的析构函数如下所示:

```
public class UserInfo
{
    ~ UserInfo()
    {
        //析构函数内容
    }
}
```

程序员无法控制何时调用析构函数,因为这是由垃圾回收器决定的。垃圾回收器检查是否存在应用程序不再使用的对象。如果垃圾回收器认为某个对象符合析构,则调用析构函数(如果有),并回收用来存储此对象的内存。程序退出时,也会调用析构函数。

本章小结

本章介绍动软代码生成器生成三层架构项目的方法,并对项目进行了转换和初步整理。通过动软代码生成器,能够节省很多编写重复代码的时间,但生成的代码内容很多,需要整理。

本章技术要点为:

(1)动软代码生成器的使用方法。

(2)生成的代码结构。

实训指导

[实训目的要求]

1. 掌握三层架构原理。
2. 掌握动软代码生成器的使用方法。
3. 掌握面向对象编程的基础知识。

[实训内容]

题目一:使用动软代码生成器生成三层架构项目。

题目二:对项目进行整理。

题目三:参考自动生成的代码,不用代码生成器搭建三层架构系统(可以复制自动生成的代码)。

第 4 章 项目后台设计

本章知识目标

- 理解三层架构的思想
- 掌握 GridView 的使用方法
- 熟练 SqlDataSource 的使用方法
- 掌握 UEditor 的引用方法
- 熟练三层架构各层调用的方法

本章能力目标

- 能够实现各层之间的调用
- 能够熟练应用后台管理模板
- 能够编写项目后台管理程序，完成数据的增、删、改、查

项目的后台管理界面一般是给管理员或者其他拥有权限的用户使用的。制作一个美观、易用的后台管理界面很有必要，能提升整个项目的档次。本章将引导读者使用已有的后台管理 HTML 模板，配合 Visual Studio 2010，设计一套美观、大方的项目后台管理程序。每个功能模块都分为页面设计和功能代码编程两个部分，前后分明，简单易学。

为了使本书所用项目美观、大方，页面基本采用 DIV+CSS 布局，要求读者会同时使用 Dreamweaver 和 Visual Studio 2010，两个软件配合使用。使用 Dreamweaver 创建站点，打开 Visual Studio 2010 项目，设计好页面布局，同步地在 Visual Studio 2010 中更新项目；编写后台代码，实现两个软件的无缝连接。

本书项目的后台管理页面布局直接使用网络下载的免费后台管理 HTML 模板，前台展示页面布局为作者编写的模板，在本书提供的网站 http://www.zjcourse.com/aspx/ 中下载。

4.1 项目后台整体设计

4.1.1 项目后台整体设计概述

整个项目后台除管理员登录模块外，其他模块用于完成数据的添加、修改和删除功

能，主要包括管理员登录、用户管理模块、活动管理模块、作品管理模块和作品评论模块，其页面说明如表 4-1 所示。

表 4-1 页面说明

页面	说明
Login.aspx	登录页面
Default.aspx	管理主页面
AddUser.aspx	添加用户页面
ManageUser.aspx	管理用户页面
EditUser.aspx	修改用户页面
AddActivity.aspx	发布活动页面
ManageActivity.aspx	管理活动页面
EditActivity.aspx	修改活动页面
AddWork.aspx	发布作品页面
ManageWork.aspx	管理作品页面
EditWork.aspx	修改作品页面
AddComment.aspx	发表评论页面
ManageComment.aspx	管理评论页面
EditComment.aspx	修改评论页面

4.1.2 添加页面

所有的后台管理页面都放在 Web 项目的 Admin 文件夹中。以添加一个管理员登录页面为例，操作步骤如下所述：

（1）在解决方案的 Web 项目中，右键单击【Admin】文件夹，然后选择【添加】的下级项目【新建项】命令，如图 4-1 所示。

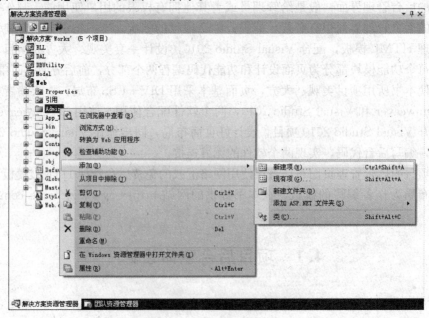

图 4-1 选择【新建项】命令

(2) 在【添加新项-Web】窗口中，选择【Web 窗体】选项，然后在【名称】文本框中输入 "Login.aspx"，如图 4-2 所示。单击【添加】按钮，完成页面添加。

其他页面可以采用类似方法添加完成，所有页面的设计与编程在后面的章节中完成。

图 4-2　添加 Web 窗体

4.2　后台管理模板设计

作为初学者，可以直接使用别人已经写好的免费后台管理 HTML 模板，将其套用到自己的后台管理程序中。当个人技术成熟后，可以自己利用 DIV+CSS 技术设计页面，整体布局后台管理程序。

4.2.1　后台管理模板的获得途径

一个好的后台管理 HTML 模板涉及的知识很多，包括 DIV、CSS、JavaScript、jQuery 等。作为初学者，会用就行，就如同手机，只要知道怎样打电话等基本功能即可，根本没必要知道手机是怎样制造的。

如果不做商用，仅仅作为学习，网络上有很多免费的模板可下载。打开百度网站，输入关键字"后台管理模板"，将有很多免费模板供下载。

1. 国外免费下载网站

国外也有些免费的模板下载站点，例如以下两个：

站点 1：http://www.freewebtemplates.com/

站点 2：http://templated.co/

如图 4-3 和图 4-4 所示为比较优秀的后台管理模板，易于改写，在教材课程网站上将提供下载。

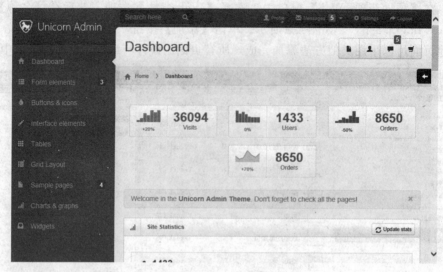

图 4-3 国外的后台管理模板（1）

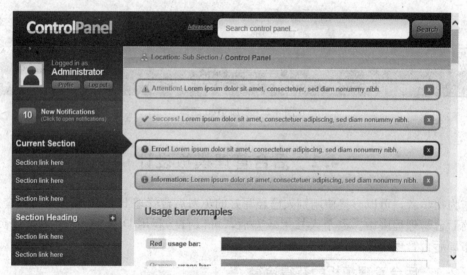

图 4-4 国外的后台管理模板（2）

2. 国内免费下载网站

Uimaker 网站：http://www.uimaker.com/

模板之家网站：http://www.cssmoban.com/

4.2.2 后台管理模板选择

1. 后台模板的选择

后台管理模板选择的原则如下所述：

（1）色调要符合整个项目的要求。

（2）要能满足项目后台管理功能需求。

（3）要满足用户的基本要求。

（4）要容易改写。

> **技术细节**
>
> 虽然许多模板的功能很多,但真正用到的功能很少,所以,选择最合适的模板才是最重要的。需要注意,若没有完全适合的模板,读者可以修改模板,使之适合于项目,如边框大小、菜单等。

2. 为后台管理模板添加站点

将后台管理模板添加到 Dreamweaver 的站点中,如图 4-5 所示。

图 4-5　添加后台模板

> **注意**
>
> 并非一定要使用 Dreamweaver 软件,在 Visual Studio 2010 中也能打开后台管理模板。但使用 Dreamweaver 能够很方便地对页面进行修改、布局。

4.2.3　后台管理模板的整理

【总体目标】对后台管理模板进行整理,使之适用于项目后台管理页面布局。

【技术要点】确定哪些是不需要的部分和代码,测试 js 文件,设计两类文件。

【完成步骤】

(1) 替换 logo 图片。

(2) 整理主页面,包括删除不需要的部分、整理 js 文件、删除多余代码和修改菜单(将英文菜单改为中文菜单)。

(3) 设计两类文件,将整理好的 index.html 分别另存为两个文件:add.html 和 manage.html,然后修改这两个文件。头部区域和左边区域所有页面都是相同的,所以只需要修改右边区域部分页面即可。

1. 替换 logo 图片

本项目预先制作一个 admin_logo.png 文件,将其存放于 img 文件夹中。

1) login.html 文件替换 logo 图片

打开 login.html 文件,找到 logo 文件的代码:

```
<img src = "themes/blue/img/cp_logo_login.png" alt = "Control Panel Login" />
```

用 admin_logo.png 替换原 logo 图片，修改代码如下所示：

```
<img src = "img/admin_logo.png" alt = "" />
```

2）index.html 文件替换 logo 图片

打开 index.html 文件，找到 logo 文件的代码：

```
<img src = "img/cp_logo.png" alt = "Control Panel" class = "logo" />
```

用 admin_logo.png 替换原 logo 图片，修改代码如下所示：

```
<img src = "img/admin_logo.png" alt = "" class = "logo"/>
```

2. 整理主页面

模板有一个 index.html 文件是作为后台管理的，其主要的页面布局如图 4-6 所示。

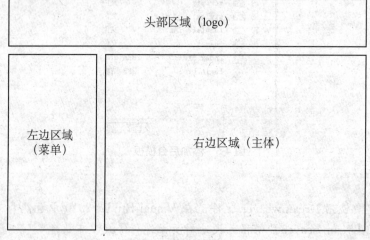

图 4-6 管理页面布局

头部区域主要显示一个 logo 和一个查询按钮，由一个 id 为 header 的层控制，代码如下所示：

```
<div id = "header">
    <a href = "" title = ""><img src = "img/cp_logo.png" alt = "Control Panel" class = "logo" /></a>
    <div id = "searcharea">
        <p class = "left smltxt"><a href = "#" title = "">Advanced</a></p>
        <input type = "text" class = "searchbox" value = "Search control panel..." onclick = "if(this.value = = 'Search control panel...'){this.value = ''}"/>
        <input type = "submit" value = "Search" class = "searchbtn" />
    </div>
</div>
```

右边区域为后台管理的主体部分，由一个 id 为 rightside 的层控制，主要区域代码如下所示：

<!-- Right Side/Main Content Start -->
<div id="rightside">
……
</div>
<!-- Right Side/Main Content End -->

左边区域为菜单部分,由一个 id 为 leftside 的层控制,主要区域代码如下所示:

<!-- Left Dark Bar Start -->
<div id="leftside">
……
</div>
<!-- Left Dark Bar End -->

1)整理 index.html 文件

对于"畅享汇"项目来说,后台主要用于数据添加和数据管理,所以针对模板,暂时只需要保留文本框模板和数据管理模板。删除其他模板代码后,最后的 index.html 文件如图 4-7 所示。

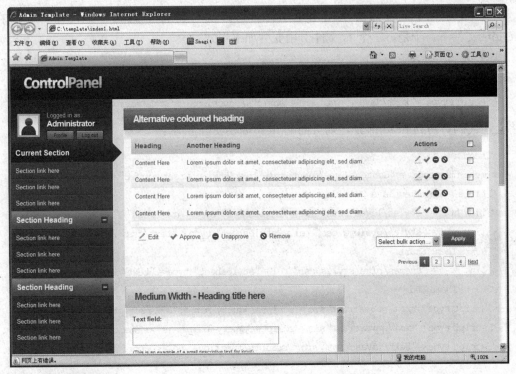

图 4-7 整理模板后的页面

2)整理 js 文件

在模板中引用了很多 js 文件,但对于本项目来说有些是无用的,可以将其删除。下述代码是模板引用的 js 文件。

<script type="text/javascript" src="http://dwpe.googlecode.com/svn/trunk/_shared/En-

hanceJS/enhance.js"></script>
　　<script type='text/javascript' src='http://dwpe.googlecode.com/svn/trunk/charting/js/excanvas.js'></script>
　　<script type='text/javascript' src='https://ajax.googleapis.com/ajax/libs/jquery/1.5.1/jquery.min.js'></script>
　　<script type='text/javascript' src='https://ajax.googleapis.com/ajax/libs/jqueryui/1.8.6/jquery-ui.min.js'></script>
　　<script type='text/javascript' src='scripts/jquery.wysiwyg.js'></script>
　　<script type='text/javascript' src='scripts/visualize.jQuery.js'></script>
　　<script type="text/javascript" src='scripts/functions.js'></script>

通过测试，部分应用可以删除，剩下如下三个引用：

　　<script type='text/javascript' src='https://ajax.googleapis.com/ajax/libs/jquery/1.5.1/jquery.min.js'></script>
　　<script type='text/javascript' src='https://ajax.googleapis.com/ajax/libs/jqueryui/1.8.6/jquery-ui.min.js'></script>
　　<script type="text/javascript" src='scripts/functions.js'></script>

其中，有两个文件需要从网络上引用，可以通过链接下载到本地，并将其放在 scripts 文件下。于是，三个 js 文件引用变为如下形式：

<script type='text/javascript' src='scripts/jquery.min.js'></script>
<script type='text/javascript' src='scripts/jquery-ui.min.js'></script>
<script type="text/javascript" src='scripts/functions.js'></script>

将上述代码剪切到 head 部分，则页面的 head 部分如下所示：

<head>
<meta http-equiv="Content-Type" content="text/html;charset=utf-8" />
<title>Admin Template</title>
<link href="styles/layout.css" rel="stylesheet" type="text/css" />
<link href="styles/wysiwyg.css" rel="stylesheet" type="text/css" />
<!-- Theme Start -->
<link href="themes/blue/styles.css" rel="stylesheet" type="text/css" />
<!-- Theme End -->
<script type='text/javascript' src='scripts/jquery.min.js'></script>
<script type='text/javascript' src='scripts/jquery-ui.min.js'></script>
<script type="text/javascript" src='scripts/functions.js'></script>
</head>

3）删除多余代码

模板主要有三处多余代码需要删除或修改。

第一处，有一部分代码在头部区域代码和右边区域代码之间，需要删除。代码如下所示：

<!-- Top Breadcrumb Start -->

```html
<div id = "breadcrumb">
    <ul>
        <li><img src = "img/icons/icon_breadcrumb.png" alt = "Location" /></li>
        <li><strong>Location:</strong></li>
        <li><a href = "#" title = "">Sub Section</a></li>
        <li>/</li>
        <li class = "current">Control Panel</li>
    </ul>
</div>
<!-- Top Breadcrumb End -->
```

第二处,在左边区域,用于显示登录用户的部分,需要修改,原代码如下:

```html
<div class = "user">
    <img src = "img/avatar.png" width = "44" height = "44" class = "hoverimg" alt = "Avatar" />
    <p>Logged in as:</p>
    <p class = "username">Administrator</p>
    <p class = "userbtn"><a href = "#" title = "">Profile</a></p>
    <p class = "userbtn"><a href = "#" title = "">Log out</a></p>
</div>
```

修改为:

```html
<div class = "user">
    <img src = "img/avatar.png" width = "44" height = "44" class = "hoverimg" alt = "Avatar" />
    <p>Logged inas:</p>
    <p class = "username">管理员</p>
    <p class = "userbtn"> </p>
</div>
```

第三处,在左边区域,在显示用户下面有一个层,可以删除,代码如下所示:

```html
<div class = "notifications">
    <p class = "notifycount"><a href = "" title = "" class = "notifypop">10</a></p>
    <p><a href = "" title = "" class = "notifypop">New Notifications</a></p>
    <p class = "smltxt">(Click to open notifications)</p>
</div>
```

4) 修改菜单

根据项目后台添加的文件,将模板中的英文菜单修改为中文菜单,代码如下所示:

```html
<!-- Left Dark Bar Start -->
<div id = "leftside">
    <div class = "user"><img src = "img/avatar.png" width = "44" height = "44" class = "hoverimg" alt = "Avatar" />
    <p>Logged inas:</p>
    <p class = "username">管理员</p>
```

```html
          <p class = "userbtn"> </p>
        </div>
        <ul id = "nav">
          <li>
            <ul class = "navigation">
              <li class = "heading selected">作品管理</li>
              <li><a href = "AddWork.aspx" title = "">     发布作品</a></li>
              <li><a href = "ManageWork.aspx" title = "">     管理作品</a></li>
              <li><a href = "ManageComment.aspx" title = "">     管理评论</a></li>
            </ul>
          </li>
          <li> <a class = "collapsed heading">活动管理</a>
            <ul class = "navigation">
              <li><a href = "AddActivity.aspx" title = "">     发布活动</a></li>
              <li><a href = "ManageActivity.aspx" title = "">     管理活动</a></li>
            </ul>
          </li>
          <li><a class = "expanded heading">用户管理</a>
            <ul class = "navigation">
              <li><a href = "AddUser.aspx" title = "" class = "likelogin">     添加用户</a></li>
              <li><a href = "ManageUser.aspx" title = "">     管理用户</a></li>
            </ul>
          </li>
        </ul>
      </div>
      <!-- Left Dark Bar End -->
```

技术细节

修改模板菜单时，需要预先设计好每个页面的名称，以避免后面使用时不断修改所有页面菜单的超链接。

3. 设计两类文件

后台管理主要有两类文件，一类用于添加数据，另一类用来管理数据。将整理好的 index.html 分别另存为两个文件：add.html 和 manage.html，然后修改这两个文件。头部区域和左边区域的所有页面都是相同的，所以只需要修改右边区域的部分页面即可。

1) 修改 add.html

add.html 文件的主体部分主要包括两种控件,一个是用于输入信息的文本框,另一个是用于提交信息的按钮。这样,只要将主体部分替换成一个表格即可,其页面效果如4-8 所示。

图 4-8 添加页面

右边区域的代码如下所示:

```html
<!-- Right Side/Main Content Start -->
<div id = "rightside">
  <div class = "contentcontainer">
    <div class = "headings altheading">
      <h2>发布活动</h2>
    </div>
    <div class = "contentbox">
      <table width = "100%">
        <thead>
          <tr>
            <td colspan = "2" > 请按要求填写 </td>
          </tr>
        </thead>
        <tbody>
          <tr>
            <td>活动名称</td>
            <td><input type = "text" id = "textfield" class = "inputbox" /></td>
          </tr>
```

```
            <tr>
                <td>确认发布</td>
                <td><input type = "submit" value = "Submit" class = "btn" /></td>
            </tr>
            <tr>
                <td>结果</td>
                <td><label for = "textfield"><strong>Text field:</strong></label></td>
            </tr>
        </tbody>
    </table>
  </div>
</div>
<!-- Alternative Content Box End -->
<div style = "clear:both;"></div>
<!-- Content Box Start --><!-- Content Box End -->
<div id = "footer"> &copy;Copyright 2014 ASP.NET项目开发实战 </div>
</div>
<!-- Right Side/Main Content End -->
```

> **注意**
>
> add.html 右边区域只给出一个简单的模板，可以直接空白。

2）修改 manage.html

manage.html 主要用于管理信息，其页面效果如图 4-9 所示。

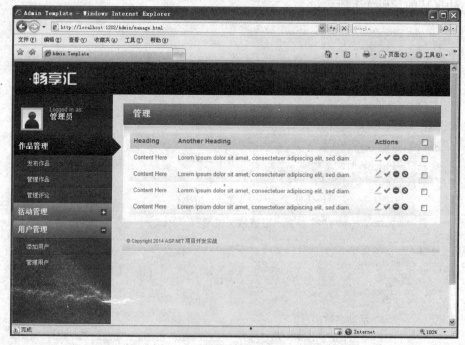

图 4-9　管理页面

右边区域的代码如下所示：

```html
<!-- Right Side/Main Content Start -->
<div id="rightside">
  <div class="contentcontainer">
    <div class="headings altheading">
      <h2>管理</h2>
    </div>
    <div class="contentbox">
      <table width="100%">
        <thead>
          <tr>
            <th>Heading</th>
            <th>Another Heading</th>
            <th>Actions</th>
            <th><input name="" type="checkbox" value="" id="checkboxall" /></th>
          </tr>
        </thead>
        <tbody>
          <tr>
            <td>Content Here</td>
            <td>Lorem ipsum dolor sit amet, consectetuer adipiscing elit, sed diam.</td>
            <td><a href="#" title=""><img src="img/icons/icon_edit.png" alt="Edit"/></a> <a href="#" title=""><img src="img/icons/icon_approve.png" alt="Approve" /></a> <a href="#" title=""><img src="img/icons/icon_unapprove.png" alt="Unapprove" /></a> <a href="#" title=""><img src="img/icons/icon_delete.png" alt="Delete" /></a></td>
            <td><input type="checkbox" value="" name="checkall" /></td>
          </tr>
          <tr class="alt">
            <td>Content Here</td>
            <td>Lorem ipsum dolor sit amet, consectetuer adipiscing elit, sed diam.</td>
            <td><a href="#" title=""><img src="img/icons/icon_edit.png" alt="Edit" /></a> <a href="#" title=""><img src="img/icons/icon_approve.png" alt="Approve" /></a> <a href="#" title=""><img src="img/icons/icon_unapprove.png" alt="Unapprove" /></a> <a href="#" title=""><img src="img/icons/icon_delete.png" alt="Delete" /></a></td>
            <td><input type="checkbox" value="" name="checkall" /></td>
          </tr>
          <tr>
            <td>Content Here</td>
            <td>Lorem ipsum dolor sit amet, consectetuer adipiscing elit, sed diam.</td>
            <td><a href="#" title=""><img src="img/icons/icon_edit.png" alt="Ed-
```

it" /></a> <a href="#" title=""><img src="img/icons/icon_approve.png" alt="Approve" /></a> <a href="#" title=""><img src="img/icons/icon_unapprove.png" alt="Unapprove" /></a> <a href="#" title=""><img src="img/icons/icon_delete.png" alt="Delete" /></a></td>
            <td><input type="checkbox" value="" name="checkall" /></td>
         </tr>
         <tr class="alt">
            <td>Content Here</td>
            <td>Lorem ipsum dolor sit amet, consectetuer adipiscing elit, sed diam. </td>
            <td><a href="#" title=""><img src="img/icons/icon_edit.png" alt="Edit" /></a> <a href="#" title=""><img src="img/icons/icon_approve.png" alt="Approve" /></a> <a href="#" title=""><img src="img/icons/icon_unapprove.png" alt="Unapprove" /></a> <a href="#" title=""><img src="img/icons/icon_delete.png" alt="Delete" /></a></td>
            <td><input type="checkbox" value="" name="checkall" /></td>
         </tr>
        </tbody>
      </table>
      <div style="clear:both;"></div>
    </div>
  </div>
<!-- Alternative Content Box End -->
  <div style="clear:both;"></div>

<!-- Content Box Start --><!-- Content Box End -->
  <div id="footer"> ©Copyright 2014 ASP.NET 项目开发实战 </div>
</div>
<!-- Right Side/Main Content End -->
```

> **注意**
>
> manage.html 右边区域只给出一个简单的模板，可以直接空白。

> **课堂拓展**
>
> 重新选择一个后台管理模板，整理后，使之适应项目开发。

## 4.3 管理员登录页面设计

【总体目标】设计管理员登录页面，包括页面布局设计和页面后台代码编写。

【技术要点】复制模板文件，配置 Web.config，套用模板，添加页面控件，编写 BLL 层方法和 DAL 层方法。
```

【完成步骤】

如图 4-10 所示，整个过程分为 3 步。

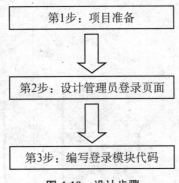

图 4-10　设计步骤

第 1 步：项目准备，包括将后台管理模板的相应文件复制到项目中，并在 Dreamweaver 下为项目建立站点。

第 2 步：设计管理员登录页面，包括套用模板，以及为 Login.aspx 文件添加文本框控件和按钮控件。

第 3 步：编写登录模块代码，包括编写 DAL 层方法 UserCheck()，用于根据输入的用户名和密码，检测其在数据库中是否存在；编写 BLL 层方法 UserCheck()，用于调用 DAL 层 UserCheck() 方法；编写登录模块的后台代码，用于调用 BLL 层 UserCheck() 方法。

4.3.1　项目准备

1. 复制后台管理模板文件

整理好后台模板后，还需要将后台管理模板文件复制到项目中。需要复制的文件有 img 文件夹、scripts 文件夹、styles 文件夹、themes 文件夹和 login.html 文件、add.html 文件、manage.html 文件。对于文件夹中多余的图片等，可以在项目完成时进行第二次清理。

> **注意**
>
> 要将文件复制到 Web 文件夹的 Admin 文件夹中，可以选择重新启动项目来刷新项目文件。

复制好文件后，还需要将复制的文件包括到项目中，如图 4-11 所示。

2. 添加项目站点

为了方便管理和使用，还需要将 Works 项目添加到 Dreamweaver 站点中，为其新建一个站点 Works，如图 4-12 所示。

> **技术细节**
>
> Dreamweaver 可以同时建立多个站点，并且可以打开多个站点的页面，方便复制代码与查看页面布局效果。

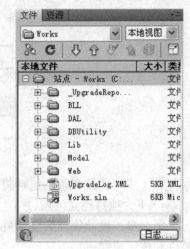

图 4-11　将复制的文件包括在项目中　　　　图 4-12　项目站点

3. 配置 web.config

为了连接数据库，需要配置 web.comfig 文件，主要是修改连接字符串。自动生成的连接字符串代码如下所示：

<add key="ConnectionString" value="server=127.0.0.1;database=codematic;uid=sa;pwd=1"/>

修改如下：

<add key="ConnectionString" value="server=.;database=Works;uid=sa;pwd=123"/>

代码导读

(1) server=.；//表示连接的是本地服务器，也可以写成 server=localhost；。
(2) database=Works；//表示连接的是名称为 Works 的数据库。
(3) uid=sa；pwd=123//表示使用 sa 登录，密码为"123"。

4.3.2　登录页面设计

登录页面设计主要是设计一个如图 4-13 所示的页面。

1. 套用模板

将后台管理模板中的 login.html 文件中的代码选择性地复制到 Login.aspx 文件的前台代码中，具体步骤如下所述：

1) 刷新 Dreamweaver 站点

在 Dreamweaver 中右键单击 Works 站点，在弹出的菜单中选择【刷新本地文件 (H)】命令，如图 4-14 所示，将在 Visual Studio 2010 中创建的 Login.aspx 及相关文件包含进站点。

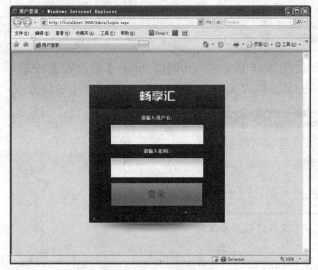

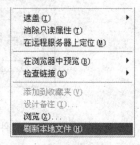

图 4-13 登录页面　　　　　图 4-14 选择【刷新本地文件】命令

2) 复制代码

第 1 步：将 login.html 文件中的 head 部分代码复制到 Login.aspx 的 head 部分，代码如下所示：

<meta http-equiv = "Content-Type" content = "text/html;charset = utf-8" />

<title>Admin Template - Login</title>

<link href = "styles/layout.css" rel = "stylesheet" type = "text/css" />

<link href = "styles/login.css" rel = "stylesheet" type = "text/css" />

<! -- Theme Start -->

<link href = "themes/blue/styles.css" rel = "stylesheet" type = "text/css" />

<! -- Theme End -->

第 2 步：将 login.html 文件中的 body 部分代码复制到 Login.aspx 文件的 body 部分的 div 层中，如图 4-15 所示。

```
15  <body>
16      <form id="form1" runat="server">
17      <div>
18          <div id="logincontainer">
19              <div id="loginbox">
20                  <div id="loginheader">
21                      <img src="themes/blue/img/cp_logo_login.png" alt="Control Panel Login" />
22                  </div>
23                  <div id="innerlogin">
24                      <form action="index.html">
25                          <p>Enter your username:</p>
26                          <input type="text" class="logininput" />
27                          <p>Enter your password:</p>
28                          <input type="password" class="logininput" />
29
30                          <input type="submit" class="loginbtn" value="Submit" /><br />
31                          <p><a href="#" title="Forgoteen Password?">Forgotten Password?</a></p>
32                      </form>
33                  </div>
34              </div>
35              <img src="img/login_fade.png" alt="Fade" />
36          </div>
37      </div>
38      </form>
39  </body>
```

图 4-15 复制代码

注意

套用模板时一定要注意每个层的位置,特别是 body 部分,要将层复制在 form 内部。

切换到 Visual Studio 2010,弹出如图 4-16 所示提示信息,单击【是(Y)】按钮即可。这样,在 Dreamweaver 中对页面的修改将等同于在 Visual Studio 2010 中的修改。

图 4-16 文件修改提示信息

2. 修改 Login.aspx 文件

1)添加控件

在 Visual Studio 2010 中,用标准控件,如文本框、按钮等,替换模板中的文本框和按钮。本项目需要添加两个文本框和一个按钮。三个控件的属性设置如表 4-2 所示。

表 4-2 控件属性

控件类型	控件 ID	主要属性设置	用 途
TextBox	txtName	Text 设置为空	输入用户名
	txtPassword	Text 设置为空,TextMode 设置为 "Password"	输入用户密码
Button	btnLogin	Text 设置为 "登录"	登录

2)页面源代码

页面源代码如下:

＜%@ Page Language = "C#" AutoEventWireup = "true" CodeBehind = "Login.aspx.cs" Inherits = "Works.Web.Admin.Login" %＞

＜!DOCTYPE html PUBLIC " - //W3C//DTD XHTML 1.0 Transitional//EN" "http://www.w3.org/TR/xhtml1/DTD/xhtml1-transitional.dtd"＞

＜html xmlns = "http://www.w3.org/1999/xhtml"＞
＜head runat = "server"＞
＜title＞用户登录＜/title＞
＜link href = "styles/layout.css" rel = "stylesheet" type = "text/css" /＞
＜link href = "styles/login.css" rel = "stylesheet" type = "text/css" /＞
＜! -- Theme Start --＞
＜link href = "styles/styles.css" rel = "stylesheet" type = "text/css" /＞
＜! -- Theme End --＞
＜/head＞
＜body＞
　　＜form id = "form1" runat = "server"＞
　　＜div＞

```
<div id="logincontainer">
<div id="loginbox">
<div id="loginheader">
<img src="img/admin_logo.png" alt="" />
        </div>
            <div id="innerlogin">
                <p>请输入用户名:</p>
                <asp:TextBox ID="txtName" runat="server" class="logininput"></asp:TextBox>

                <p>请输入密码:</p>

                    <asp:TextBox ID="txtPassword" runat="server" TextMode="Password" class="logininput"></asp:TextBox>

                    <asp:Button ID="btnLogin" runat="server" Text="登录" class="loginbtn" onclick="btnLogin_Click" />
                    <br />
            </div>
        </div>
        <img src="img/login_fade.png" alt="Fade" />
    </div>
    </div>
    </form>
</body>
</html>
```

4.3.3 编写登录页面后台代码

1. DAL 层方法设计

在 DAL 层中，在 UserInfo.cs 文件中单独编写一个 UserCheck()方法，然后根据输入的用户名和密码，检测其在数据库中是否存在，代码如下所示：

```
/// <summary>
/// 根据用户名和密码获取记录总数
/// </summary>

public int UserCheck(string name, string password)
{
    StringBuilder strSql = new StringBuilder();
    strSql.Append("SELECT * FROM UserInfo");
    strSql.Append(" WHERE UserName = " + "'" + name + "'" + " and Password = " + "'" + password + "'" + " and Type = '管理员'" + " ");
    return DbHelperSQL.Query(strSql.ToString()).Tables[0].Rows.Count;
}
```

代码导读

（1）strSql.Append()方法将字符串连接起来。

（2）" WHERE UserName=" + "'" + name + "'" + " and Password=" + "'" + password + "'" + " and Type='管理员'" + " "   //表示查询的条件是用户名为传入的参数name，密码为传入的参数password，用户类型还必须是管理员，普通用户无法登录后台管理界面。三个条件必须同时满足。

（3）return DbHelperSQL.Query(strSql.ToString()).Tables[0].Rows.Count;   //执行查询语句，并返回查询结果中的记录数。

2. BLL层方法设计

同样，在BLL层的UserInfo.cs文件中，也需要编写一个UserCheck()方法来调用DAL层的UserCheck()方法，代码如下所示：

```
/// <summary>
/// 根据用户名和密码获取记录总数
/// </summary>
public int UserCheck(string name, string password)
{
    return dal.UserCheck(name, password);
}
```

代码导读

return dal.UserCheck(name, password);   //调用DAL层的UserCheck()方法，传两个参数：用户名name和密码password。

3. 编写Login.aspx.cs代码

设计好DAL层和BLL层代码后，即可编写登录模块的后台代码，其主要功能是判断输入的用户名和密码是否合法。代码如下所示：

```
using System;
using System.Collections.Generic;
using System.Linq;
using System.Web;
using System.Web.UI;
using System.Web.UI.WebControls;

namespace Works.Web.Admin
{
    public partial class Login : System.Web.UI.Page
    {
        BLL.UserInfo userinfo = new BLL.UserInfo();//实例化BLL
        protected void Page_Load(object sender, EventArgs e)
        {
```

```csharp
                Session["admin"] = null;
            }

            protected void btnLogin_Click(object sender, EventArgs e)
            {
                if(txtName.Text.Trim() == "")//判断是否输入用户名
                {
                    this.Page.ClientScript.RegisterStartupScript(this.GetType(), "", "<script>alert('请输入用户名!');</script>");
                    return;
                }
                if(txtPassword.Text.Trim() == "")//判断是否输入密码
                {
                    this.Page.ClientScript.RegisterStartupScript(this.GetType(), "", "<script>alert('请输入密码!');</script>");
                    return;
                }
                int i;
                i = userinfo.UserCheck(txtName.Text.Trim(), txtPassword.Text.Trim());//调用BLL层UserCheck()方法
                if(i == 1)//判断是否存在用户
                {
                    Session["admin"] = txtName.Text.Trim();
                    Response.Redirect("Default.aspx");
                }
                else
                {
                    this.Page.ClientScript.RegisterStartupScript(this.GetType(), "", "<script>alert('登录失败!请重试');</script>");
                }
            }
        }
```

代码导读

(1) BLL.UserInfo userinfo = new BLL.UserInfo(); //实例化BLL。

(2) Session ["admin"] = null; //清空Session的值。

(3) i = userinfo.UserCheck(txtName.Text.Trim(), txtPassword.Text.Trim()); //调用BLL层的UserCheck()方法，判断是否是管理员登录。

(4) Session ["admin"] = txtName.Text.Trim(); //设置Session的值为当前登录成功的用户。

(5) Response.Redirect("Default.aspx"); //实现页面跳转。

课堂拓展

（1）登录时，增加验证码功能。
（2）不重写方法 UserCheck()，利用动软代码生成器生成的方法完成用户登录功能。

4.4 管理主页面设计

网站项目后台的管理界面主要显示网站的基本信息。本项目管理模块只给出一个基本的欢迎信息，其他功能留待读者去拓展。整个设计过程只需将 manage.html 代码复制到 Default.aspx 中即可。后台主页面效果如图 4-17 所示。

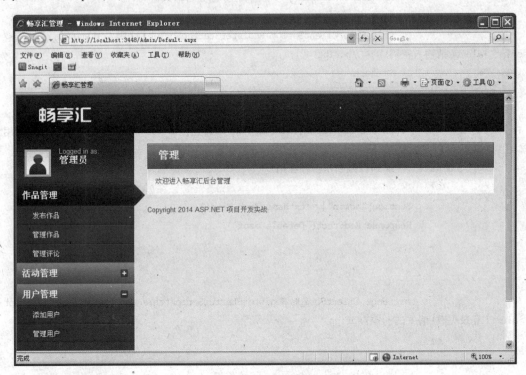

图 4-17　后台主页面

后台主页面源代码如下所示：

＜%@ Page Language = "C#" AutoEventWireup = "true" CodeBehind = "Default.aspx.cs" Inherits = "Works.Web.Admin.Default" %＞

＜!DOCTYPE html PUBLIC " - //W3C//DTD XHTML 1.0 Transitional//EN" "http://www.w3.org/TR/xhtml1/DTD/xhtml1-transitional.dtd"＞

＜html xmlns = "http://www.w3.org/1999/xhtml"＞
＜head＞
＜meta http-equiv = "Content-Type" content = "text/html;charset = utf-8" /＞

```html
<title>畅享汇管理</title>
<link href="styles/layout.css" rel="stylesheet" type="text/css" />
<link href="styles/wysiwyg.css" rel="stylesheet" type="text/css" />
<!-- Theme Start -->
<link href="themes/blue/styles.css" rel="stylesheet" type="text/css" />
<!-- Theme End -->
<script type='text/javascript' src='scripts/jquery.min.js'></script>
<script type='text/javascript' src='scripts/jquery-ui.min.js'></script>
<script type="text/javascript" src='scripts/functions.js'></script>
</head>
<body>
<form id="form1" runat="server">
  <div>
    <div id="header"> <a href="" title=""><img src="img/admin_logo.png" alt="" class="logo"/></a> </div>

        <!-- Right Side/Main Content Start -->
        <div id="rightside">
          <div class="contentcontainer">
            <div class="headings altheading">
              <h2>管理</h2>
            </div>
            <div class="contentbox">欢迎进入畅享汇后台管理
              <div style="clear:both;"></div>
            </div>
          </div>
        </div>
        <!-- Alternative Content Box End -->
        <div style="clear:both;"></div>

        <!-- Content Box Start --><!-- Content Box End -->
        <div> Copyright 2014 ASP.NET 项目开发实战 </div>
  </div>
        <!-- Right Side/Main Content End -->

        <!-- Left Dark Bar Start -->
        <div id="leftside">
          <div class="user"> <img src="img/avatar.png" width="44" height="44" class="hoverimg" alt="Avatar" />
            <p>Logged inas:</p>
            <p class="username">管理员</p>
            <p class="userbtn"> </p>
          </div>
          <ul id="nav">
```

```html
                <li>
                    <ul class="navigation">
                        <li class="heading selected">作品管理</li>
                        <li><a href="AddWork.aspx" title="">     发布作品</a></li>
                        <li><a href="ManageWork.aspx" title="">     管理作品</a></li>
                        <li><a href="ManageComment.aspx" title="">     管理评论</a></li>
                    </ul>
                </li>
                <li><a class="collapsed heading">活动管理</a>
                    <ul class="navigation">
                        <li><a href="AddActivity.aspx" title="">    发布活动</a></li>
                        <li><a href="ManageActivity.aspx" title="">     管理活动</a></li>
                    </ul>
                </li>
                <li><a class="expanded heading">用户管理</a>
                    <ul class="navigation">
                        <li><a href="AddUser.aspx" title="" class="likelogin">     添加用户</a></li>
                        <li><a href="ManageUser.aspx" title="">     管理用户</a></li>
                    </ul>
                </li>
            </ul>
        </div>
<!-- Left Dark Bar End -->
    </div>
</form>
</body>
</html>
```

课堂拓展

(1) 做好 Session 检查,未登录用户不得进入本页面。

(2) 模仿一般网站后台主界面的功能,充实管理主页面,如显示服务器信息等。

(3) 修饰管理主页面,使之美观、大方。

4.5 用户管理模块设计

用户管理模块主要完成用户信息的添加、修改和删除功能。在页面菜单设计中，只设计了用户添加和用户管理两项，用户信息修改通过用户管理页面链接。

4.5.1 添加用户

【总体目标】设计添加用户信息页面，包括设计页面布局和编写页面后台代码。

【技术要点】套用模板，添加页面控件，调用 BLL 层方法。

【完成步骤】

如图 4-18 所示，添加用户功能模块的设计分为两步。

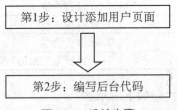

图 4-18 设计步骤

第 1 步：设计添加用户页面，包括套用模板和添加页面控件两个部分。

第 2 步：编写后台代码，主要是编写添加按钮的单击事件。

添加用户页面的效果如图 4-19 所示。

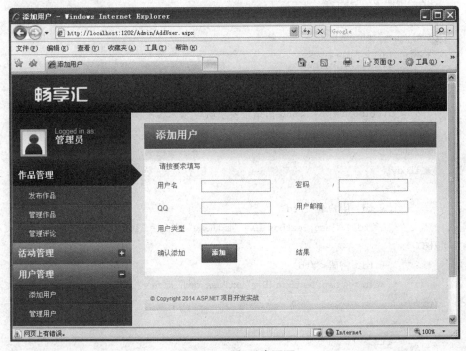

图 4-19 添加用户页面

1. 设计添加用户页面

1)套用模板

将 add.html 中的代码复制到 AddUser.aspx 的相应位置。

2)添加页面控件

添加用户页面总共有 5 个文本框控件、1 个按钮控件和 1 个标签控件。表 4-3 列出了页面控件属性。

表 4-3 控件属性

控件类型	控件 ID	主要属性设置	用途
TextBox	txtName	Text 设置为空	输入用户名
	txtPassword	Text 设置为空	输入用户密码
	txtQQ	Text 设置为空	输入 QQ
	txtEmail	Text 设置为空	输入用户电子邮箱
	txtType	Text 设置为空	输入用户类型
Label	result	Text 设置为空	显示添加结果
Button	btnAdd	Text 设置为"添加"	添加用户信息

添加用户页面右边区域的代码如下所示:

```
<!-- Right Side/Main Content Start -->
<div id="rightside">
  <div class="contentcontainer">
    <div class="headings altheading">
      <h2>添加用户</h2>
    </div>
    <div class="contentbox">
    <table width="100%">
      <thead>
        <tr>
          <td colspan="6"> 请按要求填写 </td>
        </tr>
      </thead>
      <tbody>
        <tr>
          <td>用户名</td>
          <td><asp:TextBox ID="txtName" size="16" runat="server"></asp:TextBox></td>
          <td>密码</td>
          <td><asp:TextBox ID="txtPassword" size="16" runat="server"></asp:TextBox></td>
        </tr>
        <tr>
          <td>QQ</td>
          <td><asp:TextBox ID="txtQQ" size="16" runat="server"></asp:Text-
```

```
Box></td>
                    <td>用户邮箱 </td>
                    <td><asp:TextBox ID = "txtEmail" size = "16" runat = "server"></asp:
TextBox></td>
                </tr>
                <tr>
                    <td>用户类型</td>
                    <td><asp:TextBox ID = "txtType" size = "16" runat = "server"></asp:
TextBox></td>
                    <td> </td>
                    <td colspan = "3"> </td>
                </tr>
                <tr>
                    <td>确认添加 </td>
                    <td ><asp:Button ID = "btnAdd" runat = "server" Text = "添加"class = "btn"
onclick = "btnAdd_Click"/></td>
                    <td>结果</td>
                    <td><asp:Label ID = "result" runat = "server"></asp:Label></td>
                </tr>
            </tbody>
        </table>
      </div>
    </div>
    <! -- Alternative Content Box End -->

    <div style = "clear:both;"></div>

    <! -- Content Box Start --><! -- Content Box End -->
    <div id = "footer"> &copy;Copyright 2014 ASP.NET项目开发实战 </div>
  </div>
  <! -- Right Side/Main Content End -->
```

技术细节

在布局文本框位置时也可以采用 DIV，使用表格是因为其很方便。

2. 编写后台代码

添加用户页面的后台代码如下：

```
using System;
using System.Collections.Generic;
using System.Linq;
using System.Web;
using System.Web.UI;
using System.Web.UI.WebControls;
```

```csharp
namespace Works.Web.Admin
{
    public partial class AddUser : System.Web.UI.Page
    {
        protected void Page_Load(object sender, EventArgs e)
        {

        }

        protected void btnAdd_Click(object sender, EventArgs e)
        {
            string name = txtName.Text;
            string password = txtPassword.Text;
            string qq = txtQQ.Text;
            string email = txtEmail.Text;
            string type = txtType.Text;
            BLL.UserInfo userinfo = new BLL.UserInfo();//实例化 BLL
            Model.UserInfo model = new Model.UserInfo();//实例化 Model
            model.UserName = name;
            model.Password = password;
            model.QQ = qq;
            model.Email = email;
            model.Type = type;
            model.UserImg = "";
            userinfo.Add(model);//添加用户信息
            result.Text = "添加成功";
        }
    }
}
```

代码导读

（1）BLL.UserInfo userinfo = new BLL.UserInfo(); //实例化 BLL。
（2）Model.UserInfo model = new Model.UserInfo(); //实例化 Model。
（3）userinfo.Add(model); //添加用户信息，model 代表一个用户的所有信息。

课堂拓展

（1）做好 Session 检查，未登录用户不得进入本页面。
（2）对文本框输入的内容做规范化检查。
（3）将添加成功提示信息用对话框形式展现。
（4）如果添加不成功，将如何处理？代码如何修改？

4.5.2 管理用户

【总体目标】设计管理用户信息页面，包括设计页面布局和编写页面后台代码。

【技术要点】套用模板，配置 SqlDataSource，配置 GridView 控件，调用 BLL 层方法。

【完成步骤】

如图 4-20 所示，设计管理用户功能模块分为两步。

第 1 步：设计管理用户页面，包括套用模板、配置 SqlDataSource、配置 GridView。

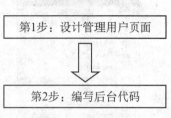

图 4-20　设计步骤

第 2 步：编写后台代码，主要是编写 GridView 控件的 RowCommand 事件。

管理用户页面的效果如图 4-21 所示。

图 4-21　管理用户页面

1. 设计管理用户页面

1）套用模板

将 manage.html 中的代码复制到 ManageUser.aspx 中。

2）配置 SqlDataSource

管理用户页面计划使用 GridView 控件来显示用户信息，使用 SqlDataSource 作为数据源，所以要先配置 SqlDataSource。

第 1 步：选择 SqlDataSource 控件。在工具箱中选择 SqlDataSource 控件，如图 4-22 所示。

第 2 步：选择【SqlDataSource】命令，然后单击控件右边的 ▶ 按钮，在 SqlDataSource 任务中选择配置数据源。

在【配置数据源】窗口，单击【新建连接】按钮，如图 4-23 所示。

图4-22 选择【SqlDataSource】命令

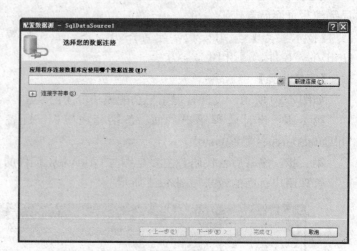

图 4-23 新建连接

第 3 步：在【添加连接】窗口，将【服务器名】设置为"localhost"，选择使用 SQL Server 身份验证，用户名为"sa"，密码为"123"，连接数据库选择"Works"，如图4-24 所示。

第 4 步：单击【测试连接】按钮。如果设置没有问题，将跳出如图 4-25 所示的测试连接成功提示框。

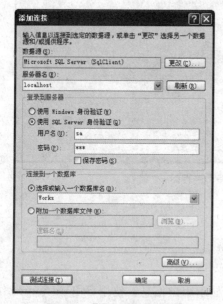

图 4-24 【添加连接】窗口

图 4-25 测试连接成功

第 5 步：单击【确定】按钮，完成添加连接，进入【配置数据源】窗口，如图 4-26 所示，查看配置好的连接字符串。

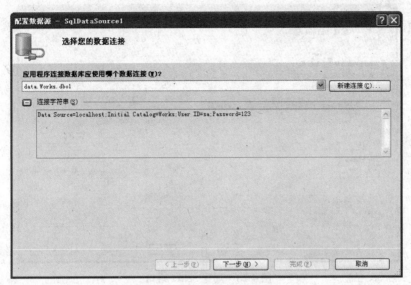

图 4-26 【配置数据源】窗口

第 6 步：单击【下一步】按钮，询问是否将连接字符串保存到应用程序配置文件中，如图 4-27 所示。默认选择【是】。这样，后面使用 SqlDataSource 控件时，就不用重新连接了。

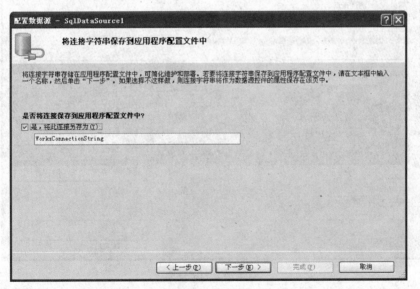

图 4-27 保存配置

> **技术细节**
>
> 将连接保存到应用程序配置文件中后，打开 Web.config 文件，可以看到保存的连接代码。

第 7 步：单击【下一步】按钮，进入【配置 Select 语句】窗口。选择 UserInfo 表，如图 4-28 所示。

图 4-28 配置 Select 语句

第 8 步：单击【下一步】按钮，进入【测试查询】窗口。单击【测试查询】按钮，如图 4-29 所示。测试成功后，即可完成配置数据源。

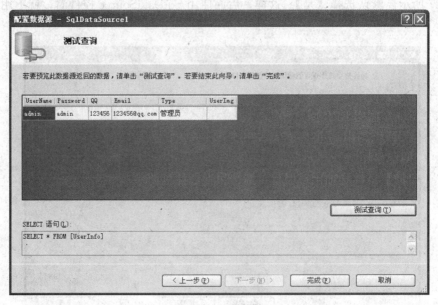

图 4-29 测试查询

为了符合控件的命名规范，将 SqlDataSource1 控件 ID 设置为 "sdsUser"。

3）配置 GridView 控件

第 1 步：在工具箱找到 GridView 控件，如图 4-30 所示。将 GridView 控件拖入页面，并将其 ID 设置为 "gvwUser"。

第 2 步：单击 GridView 控件右侧的 > 按钮，然后在【GridView 任务】中的【数据源】选项中选择 "sdsUser"，并启用分页，如图 4-31 所示。

图 4-30　添加 GridView 控件

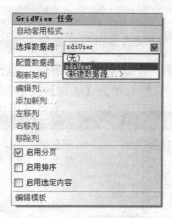

图 4-31　选择数据源

第 3 步：单击 GridView 控件右侧的 ▶ 符号，然后在【GridView 任务】中选择【编辑列】。在【字段】窗口，将每个字段的标头内的文本设置为中文，如将 UserName 字段的 HeaderText 属性设置为"用户名"，如图 4-32 所示。全部设置好后，页面效果如图 4-33 所示。

图 4-32　设置字段标头内的文本

图 4-33　设置后的页面

> **注意**
>
> "头像"字段在本书项目中没有体现，需要读者完成图像的上传等功能。

第 4 步：添加【修改】按钮。如图 4-34 所示，在【可用字段】中选择【ButtonField】选项，然后单击【添加】按钮。

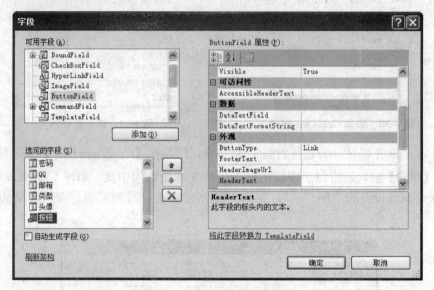

图 4-34 添加 ButtonField

设置 ButtonField 属性，如表 4-4 所示。

表 4-4 ButtonField 主要属性

控件属性	属性设置	用 途
CommandName	UserEdit	与此按钮关联的命令
ButtonType	Image	在此字段中呈现的按钮类型，有 Link、Button 和 Image
HeaderText	修改	标头内的文本
Text	修改	用于按钮的文本
ImageUrl	~/Admin/img/icons/icon_edit.png	图像的 URL

> **技术细节**
>
> ButtonField 的 CommandName 用于后台编程时判定单击了什么按钮，命名需要有规律。

第 5 步：类似添加【修改】按钮，添加一个【删除】按钮，属性设置如表 4-5 所示。

表 4-5 ButtonField 主要属性

控件属性	属性设置	用 途
CommandName	UserDelete	与此按钮关联的命令
ButtonType	Image	在此字段中呈现的按钮类型，有 Link、Button 和 Image

续表

控件属性	属性设置	用　途
HeaderText	删除	标头内的文本
Text	删除	用于按钮的文本
ImageUrl	~/Admin/img/icons/icon_delete.png	图像的 URL

设置好两个 ButtonField 后，页面效果如图 4-35 所示。

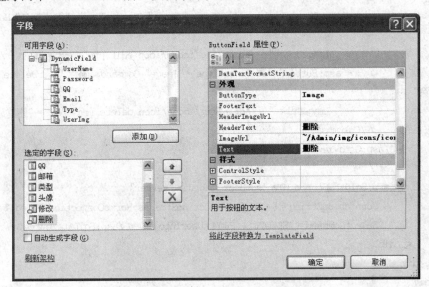

图 4-35　ButtonField 设置后页面

至此，管理用户页面的设计基本完成，右边区域的源代码如下所示：

```
<!-- Right Side/Main Content Start -->
<div id="rightside">
  <div class="contentcontainer">
    <div class="headings altheading">
      <h2>管理用户</h2>
    </div>
    <div class="contentbox">
      <div style="clear:both;">
        <asp:GridView ID="gvwUser" runat="server" AutoGenerateColumns="False"
            DataKeyNames="UserName" DataSourceID="sdsUser"
            onrowcommand="gvwUser_RowCommand" AllowPaging="True">
          <Columns>
            <asp:BoundField DataField="UserName" HeaderText="用户名" ReadOnly="True"
                SortExpression="UserName" />
            <asp:BoundField DataField="Password" HeaderText="密码"
                SortExpression="Password" />
            <asp:BoundField DataField="QQ" HeaderText="QQ" SortExpression="QQ"
```

```
                />
                            <asp:BoundField DataField = "Email" HeaderText = "邮箱" SortExpression = "Email" />
                            <asp:BoundField DataField = "Type" HeaderText = "类型" SortExpression = "Type" />
                            <asp:BoundField DataField = "UserImg" HeaderText = "头像" SortExpression = "UserImg" />
                            <asp:ButtonField ButtonType = "Image" CommandName = "UserEdit" HeaderText = "修改"
                                ImageUrl = "~/Admin/img/icons/icon_edit.png" Text = "修改" />
                            <asp:ButtonField ButtonType = "Image" CommandName = "UserDelete" HeaderText = "删除"
                                ImageUrl = "~/Admin/img/icons/icon_delete.png" Text = "删除" />
                        </Columns>
                    </asp:GridView>
                    <br />
                    <asp:SqlDataSource ID = "sdsUser" runat = "server"
                        ConnectionString = "<% $ ConnectionStrings:WorksConnectionString %>"
                        SelectCommand = "SELECT * FROM [UserInfo]"></asp:SqlDataSource>
                </div>
            </div>
        </div>
    <!-- Alternative Content Box End -->
    <div style = "clear:both;"></div>

    <!-- Content Box Start --><!-- Content Box End -->
    <div id = "footer"> &copy;Copyright 2014 ASP.NET 项目开发实战 </div>
    </div>
<!-- Right Side/Main Content End -->
```

技术细节

完成配置 SqlDataSource 和 GridView 控件后，会自动生成管理用户页面右边区域代码，不需要编写。

2. 设计后台代码

```
using System;
using System.Collections.Generic;
using System.Linq;
using System.Web;
using System.Web.UI;
using System.Web.UI.WebControls;

namespace Works.Web.Admin
```

```csharp
{
    public partial class ManageUser : System.Web.UI.Page
    {
        protected void Page_Load(object sender, EventArgs e)
        {

        }

        protected void gvwUser_RowCommand(object sender, GridViewCommandEventArgs e)
        {
            string username = gvwUser.DataKeys[int.Parse(e.CommandArgument.ToString())].Value.ToString();//获取被点击的用户名
            BLL.UserInfo userinfo = new BLL.UserInfo();//实例化BLL
            switch(e.CommandName)
            {
                case "UserDelete"://判断是否点击了删除按钮
                    userinfo.Delete(username);
                    gvwUser.DataBind();//刷新数据
                    break;
                case "UserEdit"://判断是否点击了修改按钮
                    Response.Redirect(string.Format("EditUser.aspx?username={0}", username));
                    break;
            }
        }
    }
}
```

代码导读

（1）BLL.UserInfo userinfo = new BLL.UserInfo();//实例化BLL。

（2）switch(e.CommandName)//使用 switch 语句判断当前单击的按钮，通过 ButtonField 的 CommandName 属性来判断。

（3）userinfo.Delete(username);//调用 BLL 层的 Delete()方法，删除用户信息。

（4）gvwUser.DataBind();//刷新 GridView 控件数据，使用户看到删除的效果。

课堂拓展

（1）做好 Session 检查，未登录用户不得进入本页面。

（2）如果用户已经上传过作品或者评论过作品，删除功能如果处理？代码如何修改？

4.5.3 修改用户

【总体目标】设计修改用户信息页面，包括设计页面布局和编写页面后台代码。

【技术要点】套用模板，添加页面控件，调用 BLL 层方法。

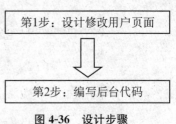

图 4-36 设计步骤

【完成步骤】

如图 4-36 所示，设计修改用户功能模块分为两步。

第 1 步：设计修改用户页面，包括套用模板和添加页面控件两个部分。

第 2 步：编写后台代码，主要是编写修改按钮的单击事件。

修改用户页面的效果如图 4-37 所示。

图 4-37 修改用户页面

1. 设计修改用户页面

1) 套用模板

因为修改用户页面和添加用户页面基本类似，所以只需要将 AddUser.aspx 代码套用到 EditUser.aspx 中，再修改代码即可；也可以套用 add.html 页面。

技术细节

套用 AddUser.aspx 页面代码时，不仅需要将"添加"按钮改为"修改"按钮，还需要改变其 ID。将按钮 ID 修改为"btnEdit"。

2) 添加页面控件

修改页面总共有 5 个文本框控件、1 个按钮控件和 1 个标签控件。表 4-6 列出了页面控件属性。

表4-6 控件属性

控件类型	控件 ID	主要属性设置	用途
TextBox	txtName	Text 设置为空	输入用户名
	txtPassword	Text 设置为空	输入用户密码
	txtQQ	Text 设置为空	输入 QQ
	txtEmail	Text 设置为空	输入用户电子邮箱
	txtType	Text 设置为空	输入用户类型
Label	result	Text 设置为空	显示修改结果
Button	btnEdit	Text 设置为"修改"	修改用户信息

> **注意**
>
> 如果套用的是 AddUser.aspx 页面代码，只需要修改控件属性即可，无需添加控件。

修改用户页面右边区域的代码如下所示：

```html
<!-- Right Side/Main Content Start -->
<div id="rightside">
  <div class="contentcontainer">
    <div class="headings altheading">
      <h2>修改用户</h2>
    </div>
    <div class="contentbox">
      <table width="100%">
        <thead>
          <tr>
            <td colspan="6"> 请按要求填写 </td>
          </tr>
        </thead>
        <tbody>
          <tr>
            <td>用户名</td>
            <td><asp:TextBox ID="txtName" size="16" runat="server"></asp:TextBox></td>
            <td>密码</td>
            <td><asp:TextBox ID="txtPassword" size="16" runat="server"></asp:TextBox></td>
          </tr>
          <tr>
            <td>QQ</td>
            <td><asp:TextBox ID="txtQQ" size="16" runat="server"></asp:TextBox></td>
            <td>用户邮箱 </td>
            <td><asp:TextBox ID="txtEmail" size="16" runat="server"></asp:TextBox></td>
```

```html
            </tr>
            <tr>
              <td>用户类型</td>
              <td><asp:TextBox ID = "txtType" size = "16" runat = "server"></asp:TextBox></td>
              <td> </td>
              <td colspan = "3"> </td>
            </tr>
            <tr>
              <td>确认修改 </td>
              <td><asp:Button ID = "btnEdit" runat = "server" Text = "修改" class = "btn" onclick = "btnEdit_Click"/></td>
              <td>结果</td>
              <td><asp:Label ID = "result" runat = "server"></asp:Label></td>
            </tr>
          </tbody>
        </table>
      </div>
    </div>
    <!-- Alternative Content Box End -->

    <div style = "clear:both;"></div>

    <!-- Content Box Start --><!-- Content Box End -->
    <div id = "footer"> &copy;Copyright 2014 ASP.NET 项目开发实战 </div>
  </div>
  <!-- Right Side/Main Content End -->
```

2. 设计后台代码

```csharp
using System;
using System.Collections.Generic;
using System.Linq;
using System.Web;
using System.Web.UI;
using System.Web.UI.WebControls;

namespace Works.Web.Admin
{
    public partial class EditUser : System.Web.UI.Page
    {
        protected void Page_Load(object sender, EventArgs e)
        {
            string username = Request["username"];
            if(!IsPostBack)
```

```csharp
        {
            BLL.UserInfo userinfo = new BLL.UserInfo();
            Model.UserInfo model = userinfo.GetModel(username);
            txtName.Text = model.UserName;
            txtPassword.Text = model.UserName;
            txtQQ.Text = model.QQ;
            txtEmail.Text = model.Email;
            txtType.Text = model.Type;
        }
    }

    protected void btnEdit_Click(object sender, EventArgs e)
    {
        string name = txtName.Text;
        string password = txtPassword.Text;
        string qq = txtQQ.Text;
        string email = txtEmail.Text;
        string type = txtType.Text;
        BLL.UserInfo userinfo = new BLL.UserInfo();//实例化BLL
        Model.UserInfo model = new Model.UserInfo();//实例化Model
        model.UserName = name;
        model.Password = password;
        model.QQ = qq;
        model.Email = email;
        model.Type = type;
        model.UserImg = "";
        bool r = userinfo.Update(model);//修改用户
        if(r == true)//根据返回值判断是否修改数据成功
        {
            Response.Redirect("ManageUser.aspx");
        }
        else
        {
            result.Text = "修改失败";
        }
    }
}
```

> **技术细节**
>
> 若忘记写 if (!IsPostBack)，将导致无法修改数据。因为 Page_Load 先执行，控件被重新初始化了。所以，如果是通过服务器控件触发事件来更新数据库数据，应在 page_load 事件中把所有程序放在 if (!IsPostBack) 里面，否则会发现显示的总是第一次载入的值。

代码导读

(1) string username= Request ["username"]; //接收管理用户页面的传值。

(2) if(!IsPostBack)//防止无法修改数据。

(3) BLL. UserInfo userinfo = new BLL. UserInfo(); //实例化 BLL。

(4) Model. UserInfo model = userinfo. GetModel(username); //根据用户名获取用户实体。

(5) Model. UserInfo model = new Model. UserInfo(); //实例化 Model。

(6) bool r = userinfo. Update(model); //调用 BLL 层 Update()方法实现数据修改。

(7) if(r == true)//根据返回值判断是否成功修改数据。如果为 true，说明修改成功，将直接跳转到管理用户页面查看修改的信息。

课堂拓展

(1) 做好 Session 检查，未登录用户不得进入本页面。

(2) 对文本框输入的内容做规范化检查。

(3) 将修改失败提示信息用对话框形式展现。

4.6 设计活动管理模块

活动管理需要上传图片和介绍活动，所以至少需要一个上传图片的文件夹。在 Web 项目中创建一个文件夹 Upload，在其中创建两个文件夹 Activity 和 Works，分别用于存放活动图片和作品图片，如图 4-38 所示。还需要引入 UEditor，将下载的 ueditor 文件夹复制到 Web 项目中，然后将其包括进项目，如图 4-39 所示。

图 4-38 添加文件夹

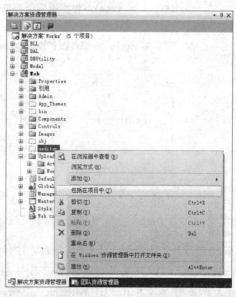
图 4-39 将复制的 ueditor 文件夹包括进项目

UEditor 是由百度 Web 前端研发部开发的所见即所得富文本 Web 编辑器，具有轻量、可定制、注重用户体验等特点，开源基于 MIT 协议，允许自由使用和修改代码。其下载网站为 http://ueditor.baidu.com/website/index.html。

4.6.1 发布活动

【总体目标】设计发布活动页面，包括设计页面布局和编写页面后台代码。

【技术要点】套用模板，引入 UEditor 控件，添加页面控件，调用 BLL 层方法。

【完成步骤】

如图 4-40 所示，设计发布活动功能模块分为两步。

第 1 步：设计发布活动页面，包括套用模板、引入 UEditor 控件和添加页面控件。

第 2 步：编写后台代码，主要是编写发布按钮的单击事件。

发布活动页面的效果如图 4-41 所示。

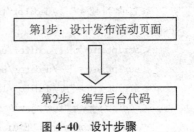

图 4-40 设计步骤

图 4-41 发布活动页面

1. 设计发布活动页面

1) 套用模板

类似添加用户页面，将 add.html 中的代码复制到 AddActivity.aspx 中。注意代码的位置。

2）引入 UEditor 控件

在页面头部需要引入 UEditor，代码如下所示：

```
<link href="../ueditor/themes/iframe.css" rel="stylesheet" type="text/css" />
<link href="../ueditor/themes/default/css/ueditor.css" rel="stylesheet" type="text/css" />
<script src="../ueditor/ueditor.config.js" type="text/javascript"></script>
<script src="../ueditor/ueditor.all.min.js" type="text/javascript"></script>
<script src="../ueditor/lang/zh-cn/zh-cn.js" type="text/javascript"></script>
<script type="text/javascript">
    var editor = new UE.ui.Editor();
    editor.render("editor");
    editor.ready(function(){
        editor.setContent("");
    })
</script>
```

代码导读

(1) link 表示引入 CSS 样式。

(2) script 表示引入 js 文件。

(3) 最后一个 script 为实例化编辑器。

3）添加页面控件

发布活动页面总共有 4 个文本框控件、1 个 FileUpload 控件、1 个按钮控件和 1 个标签控件。表 4-7 列出了页面控件属性。

表 4-7 控件属性

控件类型	控件 ID	主要属性设置	用 途
TextBox	txtName	Text 设置为空	输入活动名称
	txtUser	Text 设置为空	输入发布人信息
	txtSummary	TextMode 设置为 MultiLine，Height 设置为 78px，Width 设置为 309px	输入活动简介
	txtEndTime	Text 设置为空	输入活动结束时间
FileUpload	fupPicture	修改 ID	上传图片
Label	result	Text 设置为空	显示发布结果
Button	btnAdd	Text 设置为"发布"	发布活动信息

技术细节

活动简介采用多行文本框，以便输入较多文字。

发布活动页面右边区域的源代码如下所示：

```
<!-- Right Side/Main Content Start -->
```

```html
<div id="rightside">
    <div class="contentcontainer">
        <div class="headings altheading">
            <h2>发布活动</h2>
        </div>
        <div class="contentbox">
            <table width="100%">
                <thead>
                    <tr>
                        <td> 请按要求填写</td>
                    </tr>
                </thead>
                <tbody>
                    <tr>
                        <td>活动名称</td>
                        <td><asp:TextBox ID="txtName" runat="server"></asp:TextBox></td>
                    </tr>
                    <tr>
                        <td>活动图片</td>
                        <td><asp:FileUpload ID="fupPicture" runat="server" /></td>
                    </tr>
                    <tr>
                        <td>活动发布人</td>
                        <td><asp:TextBox ID="txtUser" runat="server"></asp:TextBox></td>
                    </tr>
                    <tr>
                        <td>活动简介</td>
                        <td><asp:TextBox ID="txtSummary" runat="server" Height="78px" TextMode="MultiLine" Width="309px"></asp:TextBox></td>
                    </tr>
                    <tr>
                        <td>活动详细介绍</td>
                        <td><script type="text/plain" id="editor"></script></td>
                    </tr>
                    <tr>
                        <td>活动结束时间</td>
                        <td><asp:TextBox ID="txtEndTime" runat="server"></asp:TextBox></td>
                    </tr>
                    <tr>
                        <td>确认发布</td>
                        <td><asp:Button ID="btnAdd" runat="server" Text="发布" class="btn" onclick="btnAdd_Click"/></td>
                    </tr>
```

```html
                    <tr>
                      <td>结果</td>
                      <td><asp:Label ID="result" runat="server"></asp:Label></td>
                    </tr>
                  </tbody>
                </table>
              </div>
            </div>
        <!-- Alternative Content Box End -->

            <div style="clear:both;"></div>

            <!-- Content Box Start --><!-- Content Box End -->
            <div id="footer"> &copy;Copyright 2014 ASP.NET 项目开发实战 </div>
        </div>
        <!-- Right Side/Main Content End -->
```

2. 设计后台代码

```csharp
using System;
using System.Collections.Generic;
using System.Linq;
using System.Web;
using System.Web.UI;
using System.Web.UI.WebControls;

namespace Works.Web.Admin
{
    public partial class AddActivity : System.Web.UI.Page
    {
        protected void Page_Load(object sender, EventArgs e)
        {

        }

        protected void btnAdd_Click(object sender, EventArgs e)
        {
            string path = MapPath("../upload/Activity") + "/";//设置图片存储的路径
            string picturename = Guid.NewGuid().ToString() + ".png";//设置图片的名称
            fupPicture.SaveAs(path + picturename);
            BLL.Activity activity = new BLL.Activity();//实例化 BLL
            Model.Activity model = new Model.Activity();//实例化 Model
            model.ActivityName = txtName.Text;
            model.UserName = txtUser.Text;
```

```
            model.ActivityIntroduction = Request["editorValue"];//获取 UEditor 插件中活动
的介绍内容
            model.ActivityPicture = picturename;
            model.EndTime = Convert.ToDateTime(txtEndTime.Text);
            model.Summary = txtSummary.Text;
            model.ActivityVerify = "待审核";
            model.ActivityStatus = "未结束";
            activity.Add(model);//发布活动
            result.Text = "发布成功";
        }
    }
}
```

> **技术细节**

（1）配置 UEditor 时，因为使用的是 4.0 框架，imageUp.ashx 里面有错误，需要将<%@ Assembly Src="Uploader.cs" %>去掉。

（2）页面中使用了 UEditor，测试时将得到一个错误提示。例如，从客户端（editorValue="<p> <img title=..."）中检测到有潜在危险的 Request.Form 值。根据错误提示信息，需要修改 Web.config 代码。

原本 Web.config 里面的代码为：

<httpRuntime executionTimeout = "3600" maxRequestLength = "1048576"/>
<pages controlRenderingCompatibilityVersion = "3.5" clientIDMode = "AutoID" />

修改为：

<httpRuntime executionTimeout = "3600" maxRequestLength = "1048576" requestValidationMode = "2.0"/>
<pages controlRenderingCompatibilityVersion = "3.5" clientIDMode = "AutoID" validateRequest = "false"/>

> **代码导读**

（1）fupPicture.SaveAs(path+picturename);//存储图片为指定的路径和名称。

（2）BLL.Activity activity = new BLL.Activity();//实例化 BLL。

（3）Model.Activity model = new Model.Activity();//实例化 Model。

（4）model.ActivityIntroduction = Request["editorValue"];//获取 UEditor 插件中活动的介绍内容。

（5）model.ActivityVerify = "待审核";//初始化活动为待审核状态。

（6）model.ActivityStatus ="未结束";//初始化活动未结束。

（7）activity.Add(model);//添加活动信息，实现发布活动。

> **课堂拓展**
>
> （1）做好Session检查，未登录用户不得进入本页面。
> （2）对文本框输入的内容做规范化检查。
> （3）将发布成功提示信息用对话框形式展现。
> （4）如果发布不成功，将如何处理？代码如何修改？

4.6.2 管理活动

【总体目标】设计管理活动页面，包括设计页面布局和编写页面后台代码。

【技术要点】套用模板，配置 SqlDataSource，配置 GridView 控件，调用 BLL 层方法。

【完成步骤】

如图 4-42 所示，设计管理活动功能模块分为两步。

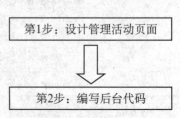

图 4-42 设计步骤

第 1 步：设计管理活动页面，包括套用模板、配置 SqlDataSource、配置 GridView。

第 2 步：编写后台代码，主要是编写 GridView 控件的 RowCommand 事件。

管理活动页面的效果如图 4-43 所示。

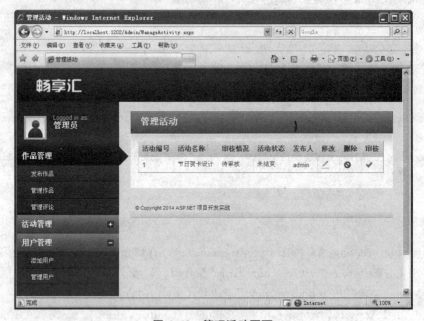

图 4-43 管理活动页面

1. 设计管理活动页面
1）套用模板
类似管理用户页面，将 manage.html 中的代码复制到 ManageActivity.aspx 中。
2）配置 SqlDataSource
管理活动页面计划使用 GridView 控件来显示活动信息，使用 SqlDataSource 作为数据源，所以需要先配置 SqlDataSource。

第 1 步：类似管理用户页面，在工具箱中选择 SqlDataSource 控件，并将其命名为"sdsActivity"。

第 2 步：配置 SqlDataSource 控件。因为管理用户页面已经配置过，所以只需要选择已经配置好的数据连接 WorksConnectionString，如图 4-44 所示。

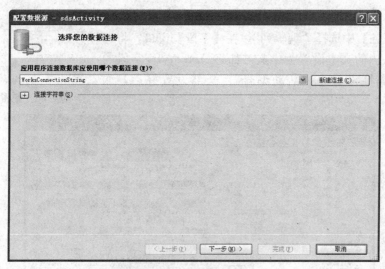

图 4-44 选择数据连接

第 3 步：配置 Select 语句。如图 4-45 所示，选择 Activity 表。

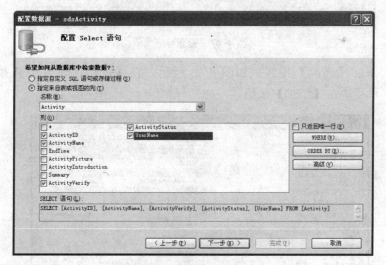

图 4-45 配置 Select 语句

技术细节

活动字段比较多，为了页面美观，只需要选择几个关键字段，不能在页面将所有字段都显示出来。

第 4 步：测试连接后，完成 SqlDataSource 控件配置。

3) 配置 GridView 控件

第 1 步：将 GridView 控件拖入页面，并将其 id 设置为 "gvwActivity"。

第 2 步：配置 GridView 控件的数据源为 "sdsActivity"，如图 4-46 所示。

第 3 步：单击 GridView 控件右侧的 > 符号，然后在【GridView 任务】中选择 "编辑列"。在【字段】窗口，将每个字段的标头内的文本设置为中文，如将 ActivityID 字段的 HeaderText 属性设置为 "活动编号"。全部设置好后，如图 4-47 所示。

图 4-46 配置数据源

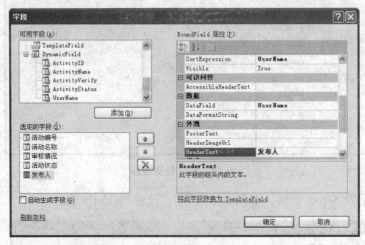

图 4-47 设置字段

第 4 步，添加【修改】按钮。如图 4-48 所示，在【可用字段】中选择【ButtonField】选项，然后单击【添加】按钮。

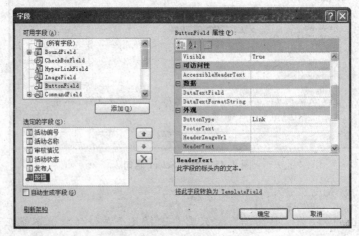

图 4-48 添加 ButtonField

设置 ButtonField 属性，如表 4-8 所示。

表 4-8 ButtonField 主要属性

控件属性	属性设置	用途
CommandName	ActivityEdit	与此按钮关联的命令
ButtonType	Image	在此字段中呈现的按钮类型，有 Link、Button 和 Image
HeaderText	修改	标头内的文本
Text	修改	用于按钮的文本
ImageUrl	~/Admin/img/icons/icon_edit.png	图像的 URL

第 5 步：类似添加【修改】按钮，添加一个【删除】按钮，属性设置如表 4-9 所示。

表 4-9 ButtonField 主要属性

控件属性	属性设置	用途
CommandName	ActivityDelete	与此按钮关联的命令
ButtonType	Image	在此字段中呈现的按钮类型，有 Link、Button 和 Image
HeaderText	删除	标头内的文本
Text	删除	用于按钮的文本
ImageUrl	~/Admin/img/icons/icon_delete.png	图像的 URL

第 6 步：类似添加【修改】按钮，添加一个【审核】按钮，属性设置如表 4-10 所示。

表 4-10 ButtonField 主要属性

控件属性	属性设置	用途
CommandName	ActivityVerify	与此按钮关联的命令
ButtonType	Image	在此字段中呈现的按钮类型，有 Link、Button 和 Image
HeaderText	审核	标头内的文本
Text	审核	用于按钮的文本
ImageUrl	~/Admin/img/icons/icon_approve.png	图像的 URL

设置好三个 ButtonField 后，页面效果如图 4-49 所示。

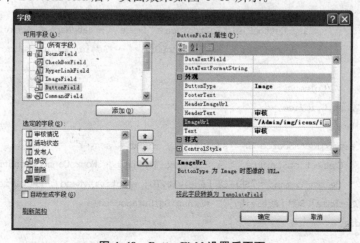

图 4-49 ButtonField 设置后页面

至此,管理活动页面设计基本完成,右边区域的源代码如下所示:

```html
<!-- Right Side/Main Content Start -->
<div id="rightside">
  <div class="contentcontainer">
    <div class="headings altheading">
      <h2>管理活动</h2>
    </div>
    <div class="contentbox">
      <div style="clear:both;">
        <asp:GridView ID="gvwActivity" runat="server" AutoGenerateColumns="False"
            DataKeyNames="ActivityID" DataSourceID="sdsActivity"
            onrowcommand="gvwActivity_RowCommand" AllowPaging="True">
          <Columns>
            <asp:BoundField DataField="ActivityID" HeaderText="活动编号" ReadOnly="True"
                SortExpression="ActivityID" InsertVisible="False" />
            <asp:BoundField DataField="ActivityName" HeaderText="活动名称"
                SortExpression="ActivityName" />
            <asp:BoundField DataField="ActivityVerify" HeaderText="审核情况"
                SortExpression="ActivityVerify" />
            <asp:BoundField DataField="ActivityStatus" HeaderText="活动状态"
                SortExpression="ActivityStatus" />
            <asp:BoundField DataField="UserName" HeaderText="发布人"
                SortExpression="UserName" />
            <asp:ButtonField ButtonType="Image" CommandName="ActivityEdit" HeaderText="修改"
                ImageUrl="~/Admin/img/icons/icon_edit.png" Text="修改" />
            <asp:ButtonField ButtonType="Image" CommandName="ActivityDelete"
                HeaderText="删除" ImageUrl="~/Admin/img/icons/icon_delete.png" Text="删除" />
            <asp:ButtonField ButtonType="Image" CommandName="ActivityVerify"
                HeaderText="审核" ImageUrl="~/Admin/img/icons/icon_approve.png" Text="审核" />
          </Columns>
        </asp:GridView>
        <br />
        <asp:SqlDataSource ID="sdsActivity" runat="server"
            ConnectionString="<%$ ConnectionStrings:WorksConnectionString %>"
            SelectCommand="SELECT [ActivityID], [ActivityName], [ActivityVerify], [ActivityStatus], [UserName] FROM [Activity]"></asp:SqlDataSource>
      </div>
    </div>
```

```
    </div>
<!-- Alternative Content Box End -->
    <div style="clear:both;"></div>

<!-- Content Box Start --><!-- Content Box End -->
    <div id="footer"> &copy;Copyright 2014 ASP.NET 项目开发实战 </div>
</div>
<!-- Right Side/Main Content End -->
```

技术细节

当完成配置 SqlDataSource 和 GridView 控件后，会自动生成管理活动页面右边区域的代码，不需要编写。

2. 设计后台代码

```
using System;
using System.Collections.Generic;
using System.Linq;
using System.Web;
using System.Web.UI;
using System.Web.UI.WebControls;

namespace Works.Web.Admin
{
    public partial class ManageActivity : System.Web.UI.Page
    {
        protected void Page_Load(object sender, EventArgs e)
        {
            if(!IsPostBack)
            {
                gvwActivity.DataBind();
            }
        }

        protected void gvwActivity_RowCommand(object sender, GridViewCommandEventArgs e)
        {
            int id = int.Parse(gvwActivity.DataKeys[int.Parse((string)e.CommandArgument)].Value.ToString());//获取活动编号
            BLL.Activity activity = new BLL.Activity();//实例化 BLL
            Model.Activity model = activity.GetModel(id);//实例化 Model

            switch(e.CommandName)
            {
                case "ActivityEdit"://判断是否单击了修改按钮
```

```
                    Response.Redirect(string.Format("EditActivity.aspx?id={0}", id));
                    break;
                case "ActivityDelete"://判断是否单击了删除按钮
                    activity.Delete(id);//根据活动编号删除信息
                    gvwActivity.DataBind();
                    break;
                case "ActivityVerify"://判断是否单击了审核按钮
                    model.ActivityVerify = "审核通过";
                    activity.Update(model);//修改审核状态
                    gvwActivity.DataBind();
                    break;
            }
        }
    }
}
```

代码导读

（1）int id = int.Parse(gvwActivity.DataKeys[int.Parse((string)e.CommandArgument)].Value.ToString());//获取当前被选中行的活动编号。

（2）BLL.UserInfo userinfo = new BLL.UserInfo();//实例化 BLL。

（3）Model.Activity model = activity.GetModel(id);//根据活动编号实例化 Model。

（4）switch(e.CommandName)//使用 switch 语句判断当前单击的按钮，通过 ButtonField 的 CommandName 属性来判断。

（5）activity.Delete(id);//调用 BLL 层的 Delete()方法，根据活动编号删除活动信息。

（6）gvwActivity.DataBind();//刷新 GridView 控件数据，使用户能够看到操作的效果。

课堂拓展

（1）做好 Session 检查，未登录用户不得进入本页面。

（2）已开展的活动不得删除，代码如何修改？

（3）增加按钮，使未到结束时间的活动可以提早结束，修改数据表中的 ActivityStatus 字段。

（4）思考如何使到截止日期的活动的 ActivityStatus 字段设置为"结束"。尝试完成此功能。

4.6.3 修改活动

【总体目标】设计修改活动页面，包括设计页面布局和编写页面后台代码。

【技术要点】套用模板，引入 UEditor 控件，添加页面控件，调用 BLL 层方法。

【完成步骤】

如图4-50所示,设计修改活动功能模块分为两步。

第1步:设计修改活动页面,包括套用模板、引入UEditor控件、添加页面控件。

第2步:编写后台代码,主要是编写修改按钮的单击事件。

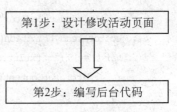

图4-50 设计步骤

修改活动页面的效果如图4-51所示。

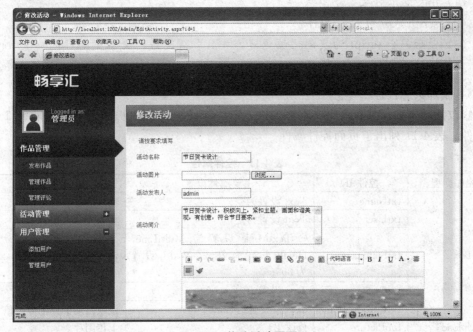

图4-51 修改活动页面

1. 设计修改活动页面

1) 套用模板

因为修改活动页面和发布活动页面基本类似,所以只需要将AddActivity.aspx代码套用到EditActivity.aspx中,再修改代码即可。主要是将标题和按钮文本改成"修改",名称改为"btnEdit"。

2) 引入UEditor控件

在页面头部需要引入UEditor,代码如下所示:

```
<link href="../ueditor/themes/iframe.css" rel="stylesheet" type="text/css" />
  <link href="../ueditor/themes/default/css/ueditor.css" rel="stylesheet" type="text/css" />
  <script src="../ueditor/ueditor.config.js" type="text/javascript"></script>
  <script src="../ueditor/ueditor.all.min.js" type="text/javascript"></script>
  <script src="../ueditor/lang/zh-cn/zh-cn.js" type="text/javascript"></script>
<script type="text/javascript">
    var editor = new UE.ui.Editor();
```

```
editor.render("editor");
editor.ready(function(){
var t = $("#txtIntroduction").val();
    editor.setContent(t);
})</script>
```

> **代码导读**
>
> （1）link 表示引入 CSS 样式。
>
> （2）script 表示引入 js 文件。
>
> （3）最后一个 script 为实例化编辑器，并且取得隐藏的文本框 txtIntroduction 的值，其值通过后台 txtIntroduction.Text = model.ActivityIntroduction；语句取得。

3）添加页面控件

修改活动页面总共有 5 个文本框控件、1 个 FileUpload 控件、1 个按钮控件和 1 个标签控件。表 4-11 列出了页面控件属性。

表 4-11 控件属性

控件类型	控件 ID	主要属性设置	用 途
TextBox	txtName	Text 设置为空	输入活动名称
	txtUser	Text 设置为空	输入发布人信息
	txtSummary	TextMode 设置为 MultiLine，Height 设置为 78px，Width 设置为 309px	输入活动简介
	txtEndTime	Text 设置为空	输入活动结束时间
	txtIntroduction	display 设置为 none	接收活动的详细介绍信息
FileUpload	fupPicture	修改 ID	上传图片
Label	result	Text 设置为空	显示修改结果
Button	btnEdit	Text 设置为"修改"	修改活动信息

修改活动页面右边区域的代码如下所示：

```
<!-- Right Side/Main Content Start -->
<div id="rightside">
  <div class="contentcontainer">
   <div class="headings altheading">
      <h2>修改活动</h2>
   </div>
   <div class="contentbox">
     <table width="100%">
       <thead>
         <tr>
           <td> 请按要求填写</td>
         </tr>
       </thead>
```

```html
<tbody>
  <tr>
    <td>活动名称</td>
    <td><asp:TextBox ID = "txtName" runat = "server"></asp:TextBox></td>
  </tr>
  <tr>
    <td>活动图片</td>
    <td><asp:FileUpload ID = "fupPicture" runat = "server" /></td>
  </tr>
  <tr>
    <td>活动发布人</td>
    <td><asp:TextBox ID = "txtUser" runat = "server"></asp:TextBox></td>
  </tr>
  <tr>
    <td>活动简介</td>
    <td>
      <asp:TextBox ID = "txtSummary" runat = "server" Height = "78px" TextMode = "MultiLine" Width = "309px"></asp:TextBox>
    </td>
  </tr>
  <tr>
    <td>活动详细介绍</td>
    <td>
      <script type = "text/plain" id = "editor" ></script>
      <asp:TextBox ID = "txtIntroduction" runat = "server" style = " display : none"></asp:TextBox>
    </td>
  </tr>
  <tr>
    <td>活动结束时间</td>
    <td><asp:TextBox ID = "txtEndTime" runat = "server"></asp:TextBox></td>
  </tr>
  <tr>
    <td>确认修改 </td>
    <td>
      <asp:Button ID = "btnEdit" runat = "server" Text = "修改" class = "btn" onclick = "btnEdit_Click"/>
    </td>
  </tr>
  <tr>
    <td>结果</td>
    <td><asp:Label ID = "result" runat = "server"></asp:Label></td>
  </tr>
```

```html
            </tbody>
        </table>
    </div>
  </div>
<!-- Alternative Content Box End -->

    <div style="clear:both;"></div>

    <!-- Content Box Start --><!-- Content Box End -->
    <div id="footer"> &copy;Copyright 2014 ASP.NET 项目开发实战 </div>
  </div>
<!-- Right Side/Main Content End -->
```

2. 设计后台代码

```csharp
using System;
using System.Collections.Generic;
using System.Linq;
using System.Web;
using System.Web.UI;
using System.Web.UI.WebControls;

namespace Works.Web.Admin
{
    public partial class EditActivity : System.Web.UI.Page
    {
        protected void Page_Load(object sender, EventArgs e)
        {
            string id = Request["id"];
            if(!IsPostBack)
            {
                BLL.Activity activity = new BLL.Activity();
                Model.Activity model = activity.GetModel(int.Parse(id));
                txtName.Text = model.ActivityName;
                txtUser.Text = model.UserName;
                txtIntroduction.Text = model.ActivityIntroduction;
                txtSummary.Text = model.Summary;
                txtEndTime.Text = model.EndTime.ToString();
            }
        }

        protected void btnEdit_Click(object sender, EventArgs e)
        {
            string id = Request["id"];
```

```
            string path = MapPath("../upload/Activity") + "/";
            string picturename = Guid.NewGuid().ToString() + ".png";
            fupPicture.SaveAs(path + picturename);
            BLL.Activity activity = new BLL.Activity();//实例化BLL
            Model.Activity model = new Model.Activity();//实例化Model
            model.ActivityID = int.Parse(id);
            model.ActivityName = txtName.Text;
            model.UserName = txtUser.Text;
            model.ActivityIntroduction = Request["editorValue"];
            model.ActivityPicture = picturename;
            model.EndTime = Convert.ToDateTime(txtEndTime.Text);
            model.ActivityStatus = "未结束";
            model.Summary = txtSummary.Text;
            bool r = activity.Update(model);//调用BLL层Update()方法实现数据修改
            if(r == true)//判断是否修改成功
            {
                Response.Redirect("ManageActivity.aspx");
            }
            else
            {
                result.Text = "修改失败";
            }
        }
    }
}
```

> **代码导读**
>
> (1) string id = Request["id"]；//获取需要修改的活动编号。
> (2) if（!IsPostBack) //防止无法修改数据。
> (3) BLL.Activity activity = new BLL.Activity(); //实例化BLL。
> (4) Model.Activity model = activity.GetModel(int.Parse(id)); //根据活动编号获取活动实体。
> (5) Model.Activity model = new Model.Activity(); //实例化Model。
> (6) fupPicture.SaveAs(path + picturename); //存储图片为指定的路径和名称。
> (7) model.ActivityIntroduction = Request["editorValue"]; //获取UEditor插件中活动的介绍内容。
> (8) model.ActivityStatus = "未结束"; //设置活动为未结束。
> (9) bool r = activity.Update(model); //调用BLL层Update()方法实现数据修改。
> (10) if(r == true)//根据返回值判断是否成功修改数据。如果为true，说明修改成功，直接跳转到管理活动页面查看修改的信息。

> **课堂拓展**
>
> （1）做好 Session 检查，未登录用户不得进入本页面。
> （2）对文本框输入的内容做规范化检查。
> （3）将修改失败提示信息用对话框形式展现。
> （4）如果是已经结束的活动，不允许修改，代码如何修改？

4.7 设计作品管理模块

作品管理模块类似于活动管理模块，分为发布作品模块、管理作品模块和修改作品模块，会用到 UEditor 插件，也需要将图片上传到相应的文件夹中。

4.7.1 发布作品

【总体目标】设计发布作品页面，包括设计页面布局和编写页面后台代码。

【技术要点】套用模板，引入 UEditor 控件，添加页面控件，添加并配置 SqlDataSource，DropDownList 控件配置，调用 BLL 层方法。

【完成步骤】

如图 4-52 所示，设计发布作品功能模块分为两步。

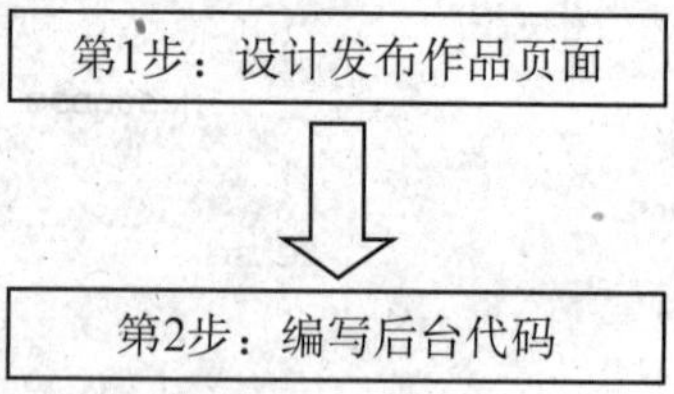

第 1 步：设计发布作品页面，包括套用模板、引入 UEditor 控件、添加页面控件、添加并配置 SqlData-Source、配置 DropDownList 控件。

第 2 步：编写后台代码，主要是编写发布按钮的单击事件。

发布作品页面的效果如图 4-53 所示。

图 4-52 设计步骤

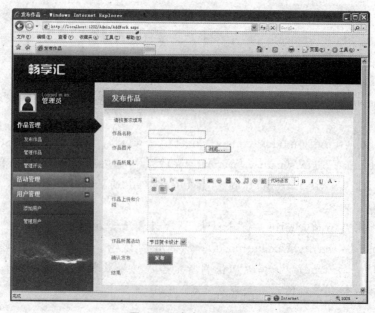

图 4-53 发布作品页面

1. 设计发布作品页面

1) 套用模板

类似发布活动页面，将 add.html 中的代码复制到 AddWork.aspx 中，也可以将发布活动 AddActivity.aspx 中的代码复制进来，然后修改。

2) 引入 UEditor 控件

在页面头部需要引入 UEditor，代码如下所示：

```
<link href = "../ueditor/themes/iframe.css" rel = "stylesheet" type = "text/css" />
<link href = "../ueditor/themes/default/css/ueditor.css" rel = "stylesheet" type = "text/css" />
<script src = "../ueditor/ueditor.config.js" type = "text/javascript"></script>
<script src = "../ueditor/ueditor.all.min.js" type = "text/javascript"></script>
<script src = "../ueditor/lang/zh-cn/zh-cn.js" type = "text/javascript"></script>
<script type = "text/javascript">
    var editor = new UE.ui.Editor();
    editor.render("editor");
    editor.ready(function(){
        editor.setContent("");
    })
</script>
```

注意

参考发布活动引入 UEditor 控件的代码导读。

3) 添加页面控件

发布作品页面总共有 2 个文本框控件、1 个 FileUpload 控件、1 个 DropDownList 控件、1 个按钮控件和 1 个标签控件。表 4-12 列出了页面控件属性。

表 4-12 控件属性

控件类型	控件 ID	主要属性设置	用途
TextBox	txtName	Text 设置为空	输入作品名称
	txtUser	Text 设置为空	输入作品所属人信息
FileUpload	fupPicture	修改 ID	上传图片
DropDownList	dropActivity	修改 ID	显示活动信息
Label	result	Text 设置为空	显示发布结果
Button	btnAdd	Text 设置为"发布"	发布作品信息

4) 添加并配置 SqlDataSource

第 1 步：在工具箱中选择 SqlDataSource 控件，并将其命名为"sdsActivity"。

第 2 步：配置 SqlDataSource 控件。选择已经配置好的数据连接 WorksConnectionString。

第 3 步：配置 Select 语句。与管理活动页面配置 SqlDataSource 不同，这里只需要显示活动名称，如图 4-54 所示。

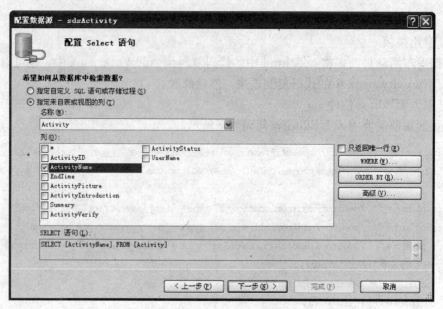

图 4-54 配置 Select 语句

第 4 步：测试连接后，完成 SqlDataSource 控件配置。

5）DropDownList 控件配置

配置好 SqlDataSource 控件，需要为 DropDownList 控件指定数据源。控件属性设置如表 4-13 所示。

表 4-13 控件属性

控件名称	控件属性	属性设置	用　途
dropActivity	DataSourceID	sdsActivity	指定数据源
	DataTextField	ActivityName	数据源中提供项文本的字段
	DataValueField	ActivityName	数据源中提供项值的字段

发布作品页面右边区域的代码如下所示：

```
<!-- Right Side/Main Content Start -->
<div id="rightside">
  <div class="contentcontainer">
    <div class="headings altheading">
      <h2>发布作品</h2>
    </div>
    <div class="contentbox">
      <table width="100%">
        <thead>
          <tr>
            <td> 请按要求填写</td>
          </tr>
        </thead>
        <tbody>
```

```html
<tr>
    <td>作品名称</td>
    <td><asp:TextBox ID = "txtName" runat = "server"></asp:TextBox></td>
</tr>
<tr>
    <td>作品图片</td>
    <td><asp:FileUpload ID = "fupPicture" runat = "server" /></td>
</tr>
<tr>
    <td>作品所属人</td>
    <td><asp:TextBox ID = "txtUser" runat = "server"></asp:TextBox></td>
</tr>
<tr>
    <td>作品上传和介绍</td>
    <td><script type = "text/plain" id = "editor" ></script></td>
</tr>
<tr>
    <td>作品所属活动</td>
    <td colspan = "3"><asp:DropDownList ID = "dropActivity" runat = "server"
        DataSourceID = "sdsActivity" DataTextField = "ActivityName"
        DataValueField = "ActivityName"> </asp:DropDownList>
    <asp:SqlDataSource ID = "sdsActivity" runat = "server"
        ConnectionString = "<% $ ConnectionStrings:WorksConnectionString %>"
        SelectCommand = "SELECT [ActivityName] FROM [Activity]"></asp:SqlDataSource></td>
</tr>
<tr>
    <td>确认发布 </td>
    <td><asp:Button ID = "btnAdd" runat = "server" Text = "发布" class = "btn" onclick = "btnAdd_Click"/></td>
</tr>
<tr>
    <td>结果</td>
    <td><asp:Label ID = "result" runat = "server"></asp:Label></td>
</tr>
            </tbody>
        </table>
    </div>
</div>
<!-- Alternative Content Box End -->

<div style = "clear:both;"></div>
```

```
<!-- Content Box Start --><!-- Content Box End -->
        <div id="footer"> &copy;Copyright 2014 ASP.NET项目开发实战 </div>
</div>
<!-- Right Side/Main Content End -->
```

2. 设计后台代码

```csharp
using System;
using System.Collections.Generic;
using System.Linq;
using System.Web;
using System.Web.UI;
using System.Web.UI.WebControls;

namespace Works.Web.Admin
{
    public partial class AddWork : System.Web.UI.Page
    {
        protected void Page_Load(object sender, EventArgs e)
        {

        }

        protected void btnAdd_Click(object sender, EventArgs e)
        {
            string path = MapPath("../upload/works") + "/";//设置图片存储的路径
            string picturename = Guid.NewGuid().ToString() + ".png";//设置图片的名称
            fupPicture.SaveAs(path + picturename);
            BLL.WorkInfo workinfo = new BLL.WorkInfo();//实例化BLL
            Model.WorkInfo model = new Model.WorkInfo();//实例化Model
            model.WorkName = txtName.Text;
            model.UserName = txtUser.Text;
            model.WorkIntroduction = Request["editorValue"];
            model.WorkPicture = picturename;
            model.UploadTime = DateTime.Now;//以当前系统时间为上传时间
            model.ActivityName = dropActivity.SelectedValue;
            workinfo.Add(model);//发布作品
            result.Text = "发布成功";
        }
    }
}
```

> **代码导读**
>
> （1）fupPicture.SaveAs(path+picturename);　//存储图片为指定的路径和名称。
> （2）BLL.WorkInfo workinfo = new BLL.WorkInfo();　//实例化 BLL。
> （3）Model.WorkInfo model = new Model.WorkInfo();　//实例化 Model。
> （4）model.WorkIntroduction = Request["editorValue"];　//获取 UEditor 插件中作品的介绍内容。
> （5）model.ActivityName = dropActivity.SelectedValue;　//获取当前被选中的活动名称。
> （6）workinfo.Add(model);　//添加作品信息，实现发布作品。

> **课堂拓展**
>
> （1）做好 Session 检查，未登录用户不得进入本页面。
> （2）对文本框输入的内容做规范化检查。
> （3）将发布成功提示信息用对话框形式展现。
> （4）如果发布不成功，将如何处理？代码如何修改？

4.7.2 管理作品

【总体目标】设计管理作品页面，包括设计页面布局和编写页面后台代码。

【技术要点】套用模板，配置 SqlDataSource，配置 GridView 控件，调用 BLL 层方法。

【完成步骤】

如图 4-55 所示，设计管理作品功能模块分为两步。

第 1 步：设计管理作品页面，包括套用模板、配置 SqlDataSource、配置 GridView。

第 2 步：编写后台代码，主要是编写 GridView 控件的 RowCommand 事件。

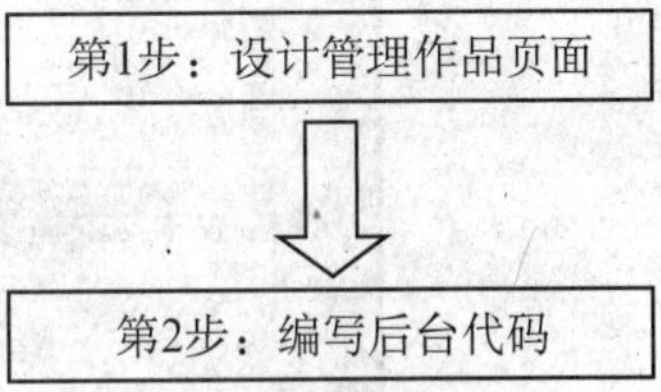

图 4-55　设计步骤

管理作品页面的效果如图 4-56 所示。

1. 设计管理作品页面

1）套用模板

类似管理作品页面，将 manage.html 中的代码复制到 ManageWork.aspx 中。

2）配置 SqlDataSource

第 1 步：在工具箱中选择 SqlDataSource 控件，并将其命名为"sdsWork"。

第 2 步：配置 SqlDataSource 控件。选择已经配置好的数据连接 WorksConnectionString。

第 3 步：配置 Select 语句。如图 4-57 所示，选择 WorkInfo 表。

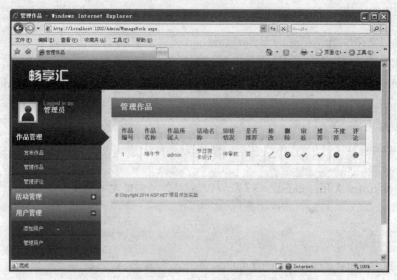

图 4-56 管理作品页面

图 4-57 配置 Select 语句

技术细节

作品字段比较多。为了页面美观，只需要选择几个关键字段，不能在页面将所有字段都显示出来。

第 4 步：测试连接后，完成 SqlDataSource 控件配置。

3）配置 GridView

第 1 步：将 GridView 控件拖入页面，并将其 ID 设置为 "gvwWork"。

第 2 步：配置 GridView 控件的数据源为 "sdsWork"，如图 4-58 所示。

第 3 步：单击 GridView 控件右侧的 ▶ 符号，然后在【GridView 任务】中选择"编辑列"。在【字段】窗口，将每个字段的标头内的文本设置为中文，如将 WorkID 字段的

HeaderText 属性设置为"作品编号"。全部设置好并调整显示位置,如图 4-59 所示。

图 4-58 配置数据源

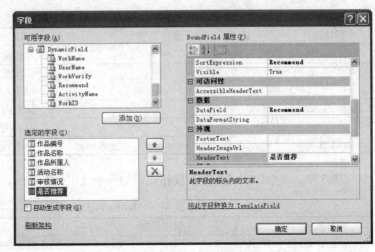

图 4-59 设置字段

第 4 步:添加【修改】按钮。如图 4-60 所示,在【可用字段】中选择【ButtonField】选项,然后单击【添加】按钮。

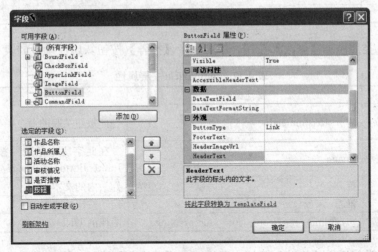

图 4-60 添加 ButtonField

设置 ButtonField 属性,如表 4-14 所示。

表 4-14 ButtonField 主要属性

控件属性	属性设置	用 途
CommandName	WorkEdit	与此按钮关联的命令
ButtonType	Image	在此字段中呈现的按钮类型,有 Link、Button 和 Image
HeaderText	修改	标头内的文本
Text	修改	用于按钮的文本
ImageUrl	~/Admin/img/icons/icon_edit.png	图像的 URL

第 5 步：类似添加【修改】按钮，添加一个【删除】按钮，属性设置如表 4-15 所示。

表 4-15　ButtonField 主要属性

控件属性	属性设置	用途
CommandName	WorkDelete	与此按钮关联的命令
ButtonType	Image	在此字段中呈现的按钮类型，有 Link、Button 和 Image
HeaderText	删除	标头内的文本
Text	删除	用于按钮的文本
ImageUrl	~/Admin/img/icons/icon_delete.png	图像的 URL

第 6 步：类似添加【修改】按钮，添加一个【审核】按钮，属性设置如表 4-16 所示。

表 4-16　ButtonField 主要属性

控件属性	属性设置	用途
CommandName	WorkVerify	与此按钮关联的命令
ButtonType	Image	在此字段中呈现的按钮类型，有 Link、Button 和 Image
HeaderText	审核	标头内的文本
Text	审核	用于按钮的文本
ImageUrl	~/Admin/img/icons/icon_approve.png	图像的 URL

第 7 步：类似添加【修改】按钮，添加一个【推荐】按钮，属性设置如表 4-17 所示。

表 4-17　ButtonField 主要属性

控件属性	属性设置	用途
CommandName	WorkRecommend	与此按钮关联的命令
ButtonType	Image	在此字段中呈现的按钮类型，有 Link、Button 和 Image
HeaderText	推荐	标头内的文本
Text	推荐	用于按钮的文本
ImageUrl	~/Admin/img/icons/icon_success.png	图像的 URL

第 8 步：类似添加【修改】按钮，添加一个【不推荐】按钮，属性设置如表 4-18 所示。

表 4-18　ButtonField 主要属性

控件属性	属性设置	用途
CommandName	WorkUnrecommend	与此按钮关联的命令
ButtonType	Image	在此字段中呈现的按钮类型，有 Link、Button 和 Image
HeaderText	不推荐	标头内的文本
Text	不推荐	用于按钮的文本
ImageUrl	~/Admin/img/icons/icon_unapprove.png	图像的 URL

第 9 步：类似添加【修改】按钮，添加一个【评论】按钮，属性设置如表 4-19 所示。

表 4-19 ButtonField 主要属性

控件属性	属性设置	用途
CommandName	AddComment	与此按钮关联的命令
ButtonType	Image	在此字段中呈现的按钮类型，有 Link、Button 和 Image
HeaderText	评论	标头内的文本
Text	评论	用于按钮的文本
ImageUrl	~/Admin/img/icons/icon_info.png	图像的 URL

设置好 6 个 ButtonField 后，页面效果如图 4-61 所示。

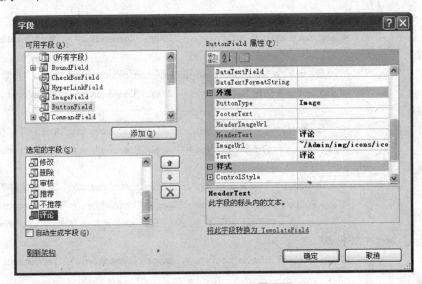

图 4-61 ButtonField 设置页面

至此，管理作品页面设计基本完成，右边区域的源代码如下所示：

```
<!-- Right Side/Main Content Start -->
<div id="rightside">
  <div class="contentcontainer">
    <div class="headings altheading">
      <h2>管理作品</h2>
    </div>
    <div class="contentbox">
      <div style="clear:both;">
        <asp:GridView ID="gvwWork" runat="server" AutoGenerateColumns="False"
          DataKeyNames="WorkID" DataSourceID="sdsWork"
          onrowcommand="gvwWork_RowCommand" AllowPaging="True">
          <Columns>
            <asp:BoundField DataField="WorkID" HeaderText="作品编号"
              SortExpression="WorkID" InsertVisible="False" ReadOnly="True" />
            <asp:BoundField DataField="WorkName" HeaderText="作品名称"
```

```
                    SortExpression = "WorkName" />
                <asp:BoundField DataField = "UserName" HeaderText = "作品所属人"
                    SortExpression = "UserName" />
                <asp:BoundField DataField = "ActivityName" HeaderText = "活动名称"
                    SortExpression = "ActivityName" />
                <asp:BoundField DataField = "WorkVerify" HeaderText = "审核情况"
                    SortExpression = "WorkVerify" />
                <asp:BoundField DataField = "Recommend" HeaderText = "是否推荐"
                    SortExpression = "Recommend" />
                <asp:ButtonField ButtonType = "Image" CommandName = "WorkEdit" HeaderText = "修改"
                    ImageUrl = "~/Admin/img/icons/icon_edit.png" Text = "修改" />
                <asp:ButtonField ButtonType = "Image" CommandName = "WorkDelete" HeaderText = "删除"
                    ImageUrl = "~/Admin/img/icons/icon_delete.png" Text = "删除" />
                <asp:ButtonField ButtonType = "Image" CommandName = "WorkVerify" HeaderText = "审核"
                    ImageUrl = "~/Admin/img/icons/icon_approve.png" Text = "审核" />
                <asp:ButtonField ButtonType = "Image" CommandName = "WorkRecommend" HeaderText = "推荐"
                    ImageUrl = "~/Admin/img/icons/icon_success.png" Text = "推荐" />
                <asp:ButtonField ButtonType = "Image" CommandName = "WorkUnrecommend"
                    HeaderText = "不推荐" ImageUrl = "~/Admin/img/icons/icon_unapprove.png" Text = "不推荐" />
                <asp:ButtonField ButtonType = "Image" CommandName = "AddComment" HeaderText = "评论"
                    ImageUrl = "~/Admin/img/icons/icon_info.png" Text = "评论" />
            </Columns>
        </asp:GridView>
        <br />
        <asp:SqlDataSource ID = "sdsWork" runat = "server"
            ConnectionString = "<%$ ConnectionStrings:WorksConnectionString %>"
            SelectCommand = "SELECT [WorkName], [UserName], [WorkVerify], [Recommend], [ActivityName], [WorkID]FROM [WorkInfo]"></asp:SqlDataSource>
        </div>
    </div>
</div>
<!-- Alternative Content Box End -->
<div style = "clear:both;"></div>

<!-- Content Box Start --><!-- Content Box End -->
<div id = "footer"> &copy;Copyright 2014 ASP.NET 项目开发实战 </div>
</div>
<!-- Right Side/Main Content End -->
```

> **技术细节**
>
> 完成配置 SqlDataSource 和 GridView 控件后，会自动生成管理作品页面右边区域的代码，不需要编写。

2. 设计后台代码

```csharp
using System;
using System.Collections.Generic;
using System.Linq;
using System.Web;
using System.Web.UI;
using System.Web.UI.WebControls;

namespace Works.Web.Admin
{
    public partial class ManageWork : System.Web.UI.Page
    {
        protected void Page_Load(object sender, EventArgs e)
        {
            if(!IsPostBack)
            {
                gvwWork.DataBind();
            }
        }

        protected void gvwWork_RowCommand(object sender, GridViewCommandEventArgs e)
        {
            int id = int.Parse(gvwWork.DataKeys[int.Parse((string)e.CommandArgument)].Value.ToString());//获取作品编号
            BLL.WorkInfo workinfo = new BLL.WorkInfo();//实例化 BLL
            Model.WorkInfo model = workinfo.GetModel(id);//实例化 Model
            string workname = model.WorkName;//获取作品名称
            switch(e.CommandName)
            {
                case "WorkEdit"://判断是否单击了修改按钮
                    Response.Redirect(string.Format("EditWork.aspx?id={0}", id));
                    break;
                case "WorkDelete"://判断是否单击了删除按钮
                    workinfo.Delete(id);
                    gvwWork.DataBind();
                    break;
                case "WorkVerify"://判断是否单击了审核按钮
                    model.WorkVerify = "审核通过";
```

```csharp
                workinfo.Update(model);
                gvwWork.DataBind();
                break;
            case "WorkRecommend"://判断是否单击了推荐按钮
                model.Recommend = "是";
                model.RecommendTime = DateTime.Now;
                workinfo.Update(model);
                gvwWork.DataBind();
                break;
            case "WorkUnrecommend"://判断是否单击了不推荐按钮
                model.Recommend = "否";
                workinfo.Update(model);
                gvwWork.DataBind();
                break;
            case "AddComment"://判断是否单击了评论按钮
    Response.Redirect(string.Format("AddComment.aspx?id={0}&workname={1}", id, workname));
                break;
        }
    }
}
```

代码导读

(1) int id = int.Parse(gvwWork.DataKeys[int.Parse((string)e.CommandArgument)].Value.ToString()); //获取当前被选中行的作品编号。

(2) BLL.WorkInfo workinfo = new BLL.WorkInfo(); //实例化 BLL。

(3) Model.WorkInfo model = workinfo.GetModel(id); //根据作品编号实例化 Model。

(4) switch(e.CommandName) //使用 switch 语句判断当前单击的按钮,通过 ButtonField 的 CommandName 属性来判断。

(5) workinfo.Delete(id); //调用 BLL 层的 Delete()方法,根据作品编号删除作品信息。

(6) workinfo.Update(model); //无论用户单击了推荐按钮、不推荐按钮或者审核按钮,都不会更新一遍数据。

(7) gvwWork.DataBind(); //刷新 GridView 控件数据,使用户能够看到操作的效果。

课堂拓展

(1) 做好 Session 检查,未登录用户不得进入本页面。

(2) 对于已经有评论信息的作品,删除时如何处理?代码如何修改?

4.7.3 修改作品

【总体目标】设计修改作品页面，包括设计页面布局和编写页面后台代码。

【技术要点】套用模板，引入 UEditor 控件，添加页面控件，添加并配置 SqlData-Source，DropDownList 控件配置，调用 BLL 层方法。

【完成步骤】

如图 4-62 所示，设计修改作品功能模块分为两步。

第 1 步：设计修改作品页面，包括套用模板、引入 UEditor 控件、添加页面控件。

第 2 步：编写后台代码，主要是编写修改按钮的单击事件。

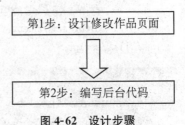

图 4-62 设计步骤

修改作品页面的效果如图 4-63 所示。

图 4-63 修改作品页面

1. 设计修改作品页面

1) 套用模板

因为修改作品页面和发布作品页面基本类似，所以只需要将 AddWork.aspx 代码套用到 EditWork.aspx 中，将标题和按钮文本改成"修改"，名称改为"btnEdit"。

2) 引入 UEditor 控件

在页面头部需要引入 UEditor，代码如下所示：

```
<link href="../ueditor/themes/iframe.css" rel="stylesheet" type="text/css" />
<link href="../ueditor/themes/default/css/ueditor.css" rel="stylesheet" type="text/css" />
<script src="../ueditor/ueditor.config.js" type="text/javascript"></script>
<script src="../ueditor/ueditor.all.min.js" type="text/javascript"></script>
```

```
<script src = "../ueditor/lang/zh-cn/zh-cn.js" type = "text/javascript"></script>
<script type = "text/javascript">
    var editor = new UE.ui.Editor();
    editor.render("editor");
    editor.ready(function(){
        var t = $("#txtIntroduction").val();
        editor.setContent(t);
    })</script>
```

> **代码导读**
>
> （1）link 表示引入 CSS 样式。
> （2）script 表示引入 js 文件。
> （3）最后一个 script 为实例化编辑器，并且取得隐藏的文本框 txtIntroduction 的值，其值通过后台 txtIntroduction.Text = model.WorkIntroduction; 语句取得。

3）添加页面控件

修改作品页面总共有 3 个文本框控件、1 个 FileUpload 控件、1 个 DropDownList 控件、1 个按钮控件和 1 个标签控件。表 4-20 列出了页面控件属性。

表 4-20 控件属性

控件类型	控件 ID	主要属性设置	用　　途
TextBox	txtName	Text 设置为空	输入作品名称
	txtUser	Text 设置为空	输入作品所属人信息
	txtIntroduction	display 设置为空	接收作品的详细介绍信息
FileUpload	fupPicture	修改 ID	上传图片
DropDownList	dropActivity	修改 ID	显示活动信息
Label	result	Text 设置为空	显示修改结果
Button	btnEdit	Text 设置为"修改"	修改作品信息

同样，类似于发布作品，需要添加并配置 SqlDataSource 及 DropDownList 控件。修改作品页面和发布作品页面一样，这里不再阐述。

修改作品页面右边区域的代码如下所示：

```
<!-- Right Side/Main Content Start -->
<div id = "rightside">
  <div class = "contentcontainer">
    <div class = "headings altheading">
        <h2>修改作品</h2>
    </div>
    <div class = "contentbox">
        <table width = "100%">
          <thead>
            <tr>
                <td> 请按要求填写 </td>
            </tr>
```

第4章 项目后台设计

```html
        </thead>
        <tbody>
          <tr>
            <td>作品名称</td>
            <td><asp:TextBox ID = "txtName" runat = "server"></asp:TextBox></td>
          </tr>
          <tr>
            <td>作品图片</td>
            <td><asp:FileUpload ID = "fupPicture" runat = "server" /></td>
          </tr>
          <tr>
            <td>作品所属人</td>
            <td><asp:TextBox ID = "txtUser" runat = "server"></asp:TextBox></td>
          </tr>
          <tr>
            <td>作品上传和介绍</td>
            <td>
                <script type = "text/plain" id = "editor" ></script>
                <asp:TextBox ID = " txtIntroduction" runat = "server" style = " display:none"></asp:TextBox>
            </td>
          </tr>
          <tr>
            <td>作品所属活动</td>
            <td colspan = "3"><asp:DropDownList ID = "dropActivity" runat = "server"
                DataSourceID = "sdsActivity" DataTextField = "ActivityName"
                DataValueField = "ActivityName"> </asp:DropDownList>
              <asp:SqlDataSource ID = "sdsActivity" runat = "server"
                ConnectionString = "<% $ ConnectionStrings:WorksConnectionString %>"
                SelectCommand = "SELECT [ActivityName]FROM [Activity]"></asp:SqlDataSource>
            </td>
          </tr>
          <tr>
            <td>确认修改 </td>
            <td>
                <asp:Button ID = "btnEdit" runat = "server" Text = "修改" class = "btn" onclick = "btnEdit_Click"/>
            </td>
          </tr>
          <tr>
            <td>结果</td>
            <td><asp:Label ID = "result" runat = "server"></asp:Label></td>
          </tr>
```

```
            </tbody>
        </table>
      </div>
    </div>
    <!-- Alternative Content Box End -->

    <div style = "clear:both;"></div>

    <!-- Content Box Start --><!-- Content Box End -->
    <div id = "footer"> &copy;Copyright 2014 ASP.NET 项目开发实战 </div>
</div>
<!-- Right Side/Main Content End -->
```

2. 设计后台代码

```csharp
using System;
using System.Collections.Generic;
using System.Linq;
using System.Web;
using System.Web.UI;
using System.Web.UI.WebControls;

namespace Works.Web.Admin
{
    public partial class EditWork : System.Web.UI.Page
    {
        protected void Page_Load(object sender, EventArgs e)
        {
            string id = Request["id"];
            if(!IsPostBack)
            {
                BLL.WorkInfo workinfo = new BLL.WorkInfo();//实例化 BLL
                Model.WorkInfo model = workinfo.GetModel(int.Parse(id));//通过 id 获取作品实体
                txtName.Text = model.WorkName;
                txtUser.Text = model.UserName;
                txtIntroduction.Text = model.WorkIntroduction;
                dropActivity.Text = model.ActivityName;
            }
        }

        protected void btnEdit_Click(object sender, EventArgs e)
        {
            string id = Request["id"];
```

```
            string path = MapPath("../upload/works") + "/";//设置图片存储的路径
            string picturename = Guid.NewGuid().ToString() + ".png";//设置图片的名称
            fupPicture.SaveAs(path + picturename);
            BLL.WorkInfo workinfo = new BLL.WorkInfo();//实例化BLL
            Model.WorkInfo model = new Model.WorkInfo();//实例化Model
            model.WorkID = int.Parse(id);
            model.WorkName = txtName.Text;
            model.UserName = txtUser.Text;
            model.WorkIntroduction = Request["editorValue"];
            model.WorkPicture = picturename;
            model.UploadTime = DateTime.Now;//以当前系统时间为上传时间
            model.ActivityName = dropActivity.SelectedValue;
            bool r = workinfo.Update(model);//判断是否修改成功
            if(r == true)
            {
                Response.Redirect("ManageWork.aspx");
            }
            else
            {
                result.Text = "修改失败";
            }
        }
    }
}
```

> **代码导读**
>
> （1）string id = Request["id"]；//获取需要修改的作品编号。
> （2）if（!IsPostBack）//防止无法修改数据。
> （3）BLL.WorkInfo workinfo = new BLL.WorkInfo()；//实例化BLL。
> （4）Model.WorkInfo model = workinfo.GetModel(int.Parse(id))；//根据作品编号获取作品实体。
> （5）Model.WorkInfo model = new Model.WorkInfo()；//实例化Model。
> （6）fupPicture.SaveAs（path + picturename）；//存储图片为指定的路径和名称。
> （7）model.WorkIntroduction = Request["editorValue"]；//获取UEditor插件中作品的介绍内容。
> （8）model.ActivityName = dropActivity.SelectedValue；//获取当前被选中的活动名称。
> （9）bool r = workinfo.Update(model)；//调用BLL层Update()方法实现数据修改。
> （10）if（r == true）//根据返回值判断是否成功修改数据。如果为true，说明修改成功，直接跳转到管理作品页面查看修改的信息。

> **课堂拓展**
>
> （1）做好 Session 检查，未登录用户不得进入本页面。
> （2）对文本框输入的内容做规范化检查。
> （3）如果没有修改作品的图片，只是修改了其他内容，则上传时间如何处理？代码如何修改？
> （4）将修改失败提示信息用对话框形式展现。

4.8 设计作品评论模块

要对作品发表评论的前提是必须有作品，所以通过管理作品页面给出的【评论】按钮进入新页面来发表评论。

4.8.1 发表评论

【总体目标】设计发表评论页面，包括设计页面布局和编写页面后台代码。
【技术要点】套用模板，引入 UEditor 控件，添加页面控件，调用 BLL 层方法。
【完成步骤】
如图 4-64 所示，设计发表评论功能模块分为两步。
第 1 步：设计发表评论页面，包括套用模板、引入 UEditor 控件、添加页面控件。
第 2 步：编写后台代码，主要是编写发表按钮的单击事件。

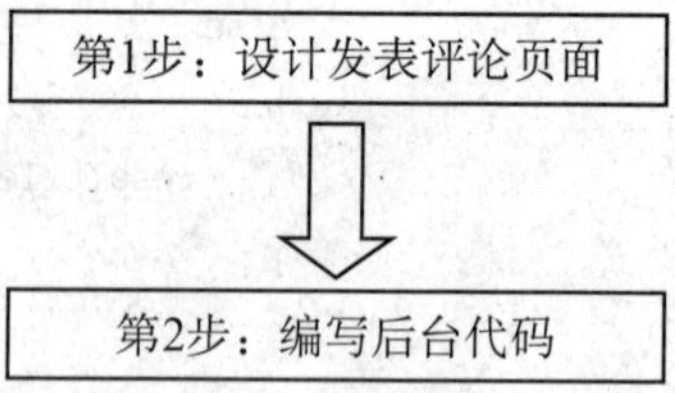

图 4-64 设计步骤

发表评论页面的效果如图 4-65 所示。

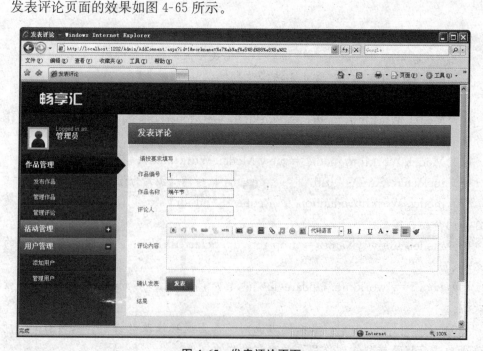

图 4-65 发表评论页面

1. 设计发表评论页面

1)套用模板

类似发布活动页面,将 add.html 中的代码复制到 AddComment.aspx 中,也可以将发布活动 AddActivity.aspx 中的代码复制进来,然后修改。

2)引入 UEditor 控件

在页面头部需要引入 UEditor,代码如下所示:

```html
<link href="../ueditor/themes/iframe.css" rel="stylesheet" type="text/css" />
<link href="../ueditor/themes/default/css/ueditor.css" rel="stylesheet" type="text/css" />
<script src="../ueditor/ueditor.config.js" type="text/javascript"></script>
<script src="../ueditor/ueditor.all.min.js" type="text/javascript"></script>
<script src="../ueditor/lang/zh-cn/zh-cn.js" type="text/javascript"></script>
<script type="text/javascript">
    var editor = new UE.ui.Editor();
    editor.render("editor");
    editor.ready(function(){
        editor.setContent("");
    })
</script>
```

> **注意**
>
> 参考发布活动引入 UEditor 控件的代码导读。

3)添加页面控件

发表评论页面总共有 3 个文本框控件、1 个按钮控件和 1 个标签控件,表 4-21 列出了页面控件属性。

表 4-21 控件属性

控件类型	控件 ID	主要属性设置	用 途
TextBox	txtWorkID	Text 设置为空	输入作品编号
	txtName	Text 设置为空	输入作品名称
	txtUser	Text 设置为空	输入评论人信息
Label	result	Text 设置为空	显示发表结果
Button	btnAdd	Text 设置为"发表"	发表评论信息

发表评论页面右边区域的源代码如下所示:

```html
<!-- Right Side/Main Content Start -->
<div id="rightside">
    <div class="contentcontainer">
        <div class="headings altheading">
            <h2>发表评论</h2>
        </div>
        <div class="contentbox">
```

```
            <table width = "100%">
              <thead>
                <tr>
                  <td> 请按要求填写 </td>
                </tr>
              </thead>
              <tbody>
                <tr>
                  <td>作品编号</td>
                  <td><asp:TextBox ID = "txtWorkID" runat = "server"></asp:TextBox></td>
                </tr>
                <tr>
                  <td>作品名称</td>
                  <td><asp:TextBox ID = "txtName" runat = "server"></asp:TextBox></td>
                </tr>
                <tr>
                  <td>评论人</td>
                  <td><asp:TextBox ID = "txtUser" runat = "server"></asp:TextBox></td>
                </tr>
                <tr>
                  <td>评论内容</td>
                  <td>
                    <script type = "text/plain" id = "editor" ></script>
                  </td>
                </tr>
                <tr>
                  <td>确认发表</td>
                  <td><asp:Button ID = "btnAdd" runat = "server" Text = "发表" class = "btn" onclick = "btnAdd_Click"/></td>
                </tr>
                <tr>
                  <td>结果</td>
                  <td><asp:Label ID = "result" runat = "server"></asp:Label></td>
                </tr>
              </tbody>
            </table>
          </div>
        </div>
        <!-- Alternative Content Box End -->

        <div style = "clear:both;"></div>

        <!-- Content Box Start --><!-- Content Box End -->
```

```html
<div id="footer">&copy;Copyright 2014 ASP.NET项目开发实战</div>
</div>
<!-- Right Side/Main Content End -->
```

2. 设计后台代码

```csharp
using System;
using System.Collections.Generic;
using System.Linq;
using System.Web;
using System.Web.UI;
using System.Web.UI.WebControls;

namespace Works.Web.Admin
{
    public partial class AddComment : System.Web.UI.Page
    {
        protected void Page_Load(object sender, EventArgs e)
        {
            string id = Request["id"];
            string workname = Request["workname"];
            if(!IsPostBack)
            {
                txtWorkID.Text = id;
                txtName.Text = workname;
            }
        }

        protected void btnAdd_Click(object sender, EventArgs e)
        {
            BLL.Comment comment = new BLL.Comment();//实例化BLL
            int workid = int.Parse(txtWorkID.Text);
            string workname = txtName.Text;
            string username = txtUser.Text;
            string commentcontent = Request["editorValue"];//获取UEditor插件中评论的内容
            Model.Comment model = new Model.Comment();//实例化Model
            model.WorkID = workid;
            model.WorkName = workname;
            model.UserName = username;
            model.CommentContent = commentcontent;
            model.CommentTime = DateTime.Now;//以当前系统时间为评论时间
            comment.Add(model);//发表评论
            result.Text = "发表成功";
```

　　　　　}
　　　}
}

代码导读

(1) string id = Request["id"]; //获取需要评论的作品编号。
(2) string workname = Request["workname"]; //获取需要评论的作品名称。
(3) BLL.Comment comment = new BLL.Comment(); //实例化 BLL。
(4) Model.Comment model = new Model.Comment(); //实例化 Model。
(5) string commentcontent = Request["editorValue"]; //获取 UEditor 插件中评论的内容。
(6) comment.Add(model); //添加评论信息，实现发表评论。

课堂拓展

(1) 做好 Session 检查，未登录用户不得进入本页面。
(2) 对文本框输入的内容做规范化检查。
(3) 将发表成功提示信息用对话框形式展现。
(4) 如果发表不成功，将如何处理？代码如何修改？

4.8.2 管理评论

【总体目标】设计管理评论页面，包括设计页面布局和编写页面后台代码。

【技术要点】套用模板，配置 SqlDataSource，配置 GridView 控件，调用 BLL 层方法。

【完成步骤】

如图 4-66 所示，设计管理评论功能模块分为两步。

第 1 步：设计管理评论页面，包括套用模板、配置 SqlDataSource、配置 GridView。

第 2 步：编写后台代码，主要是编写 GridView 控件的 RowCommand 事件。

图 4-66　设计步骤

管理评论页面的效果图如图 4-67 所示。

1. 设计管理评论页面

1) 套用模板

将 manage.html 中的代码复制到 ManageComment.aspx 中。

2) 配置 SqlDataSource

第 1 步：在工具箱中选择 SqlDataSource 控件，并将其命名为"sdsComment"。

第 2 步：配置 SqlDataSource 控件。选择已经配置好的数据连接 WorksConnectionString。

第 3 步：配置 Select 语句。如图 4-68 所示，选择 Comment 表。

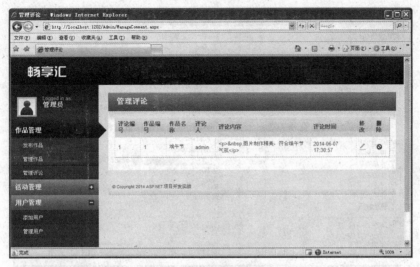

图 4-67 管理评论页面

第 4 步：测试连接后，完成 SqlDataSource 控件配置。

3）配置 GridView

第 1 步：将 GridView 控件拖入页面，并将其 id 设置为 "gvwComment"。

第 2 步：配置 GridView 控件的数据源为 "sdsComment"，如图 4-69 所示。

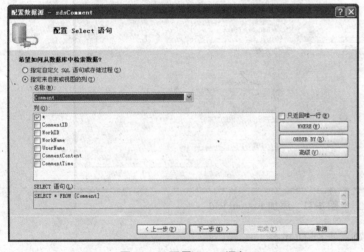

图 4-68 配置 Select 语句

图 4-69 配置数据源

第 3 步：单击 GridView 控件右侧的 ▶ 符号，然后在【GridView 任务】中选择"编辑列"。在【字段】窗口，将每个字段的标头内的文本设置为中文，如将 CommentID 字段的 HeaderText 属性设置为"评论编号"。全部设置好并调整显示位置，如图 4-70 所示。

第 4 步：添加【修改】按钮。如图 4-71 所示，在【可用字段】中选择【ButtonField】选项，然后单击【添加】按钮。

图 4-70 设置字段

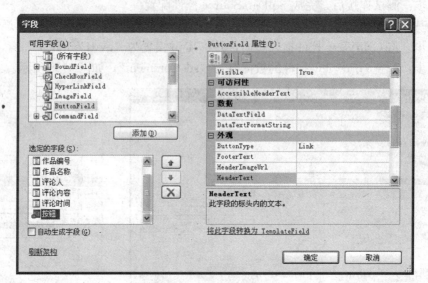

图 4-71 添加 ButtonField

设置 ButtonField 属性，如表 4-22 所示。

表 4-22 ButtonField 主要属性

控件属性	属性设置	用 途
CommandName	CommentEdit	与此按钮关联的命令
ButtonType	Image	在此字段中呈现的按钮类型，有 Link、Button 和 Image
HeaderText	修改	标头内的文本
Text	修改	用于按钮的文本
ImageUrl	~/Admin/img/icons/icon_edit.png	图像的 URL

第 5 步：类似添加【修改】按钮，添加一个【删除】按钮，属性设置如表 4-23 所示。

表 4-23 ButtonField 主要属性

控件属性	属性设置	用 途
CommandName	CommentDelete	与此按钮关联的命令
ButtonType	Image	在此字段中呈现的按钮类型，有 Link、Button 和 Image
HeaderText	删除	标头内的文本
Text	删除	用于按钮的文本
ImageUrl	~/Admin/img/icons/icon_delete.png	图像的 URL

设置好两个 ButtonField，页面效果如图 4-72 所示。

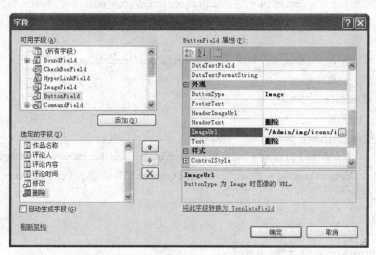

图 4-72 ButtonField 设置页面

至此，管理评论页面设计基本完成，右边区域的源代码如下所示：

```
<!-- Right Side/Main Content Start -->
<div id="rightside">
  <div class="contentcontainer">
    <div class="headings altheading">
      <h2>管理评论</h2>
    </div>
    <div class="contentbox">
      <div style="clear:both;">
        <asp:GridView ID="gvwComment" runat="server" AutoGenerateColumns="False"
            DataKeyNames="CommentID" DataSourceID="sdsComment"
onrowcommand="gvwComment_RowCommand" AllowPaging="True">
          <Columns>
            <asp:BoundField DataField="CommentID" HeaderText="评论编号"
                SortExpression="CommentID" InsertVisible="False" ReadOnly="True" />
            <asp:BoundField DataField="WorkID" HeaderText="作品编号"
                SortExpression="WorkID" />
            <asp:BoundField DataField="WorkName" HeaderText="作品名称"
```

```
                SortExpression="WorkName" />
            <asp:BoundField DataField="UserName" HeaderText="评论人"
                SortExpression="UserName" />
            <asp:BoundField DataField="CommentContent" HeaderText="评论内容"
                SortExpression="CommentContent" />
            <asp:BoundField DataField="CommentTime" HeaderText="评论时间"
                SortExpression="CommentTime" />
            <asp:ButtonField ButtonType="Image" CommandName="CommentEdit" HeaderText="修改"
                ImageUrl="~/Admin/img/icons/icon_edit.png" Text="修改" />
            <asp:ButtonField ButtonType="Image" CommandName="CommentDelete" HeaderText="删除"
                ImageUrl="~/Admin/img/icons/icon_delete.png" Text="删除" />
        </Columns>
    </asp:GridView>
    <br />
    <asp:SqlDataSource ID="sdsComment" runat="server"
        ConnectionString="<%$ ConnectionStrings:WorksConnectionString %>"
        SelectCommand="SELECT * FROM [Comment]"></asp:SqlDataSource>
        </div>
    </div>
</div>
<!-- Alternative Content Box End -->
    <div style="clear:both;"></div>


<!-- Content Box Start --><!-- Content Box End -->
    <div id="footer">&copy;Copyright 2014 ASP.NET 项目开发实战 </div>
</div>
<!-- Right Side/Main Content End -->
```

技术细节

完成配置 SqlDataSource 和 GridView 控件后，自动生成管理评论页面右边区域的代码，不需要编写。

2. 设计后台代码

```
using System;
using System.Collections.Generic;
using System.Linq;
using System.Web;
using System.Web.UI;
using System.Web.UI.WebControls;

namespace Works.Web.Admin
```

```
{
    public partial class ManageComment : System.Web.UI.Page
    {
        protected void Page_Load(object sender, EventArgs e)
        {
            if(!IsPostBack)
            {
                gvwComment.DataBind();
            }
        }
        protected void gvwComment_RowCommand(object sender, GridViewCommandEventArgs e)
        {
            int id = int.Parse(gvwComment.DataKeys[int.Parse((string)e.CommandArgument)].Value.ToString());//获取评论编号
            BLL.Comment comment = new BLL.Comment();//实例化 BLL
            Model.Comment model = comment.GetModel(id);//实例化 Model
            switch(e.CommandName)
            {
                case "CommentEdit"://判断是否单击了修改按钮
                    Response.Redirect(string.Format("EditComment.aspx?id={0}", id));
                    break;
                case "CommentDelete"://判断是否单击了删除按钮
                    comment.Delete(id);
                    gvwComment.DataBind();
                    break;
            }
        }
    }
}
```

代码导读

（1） int id = int.Parse(gvwComment.DataKeys[int.Parse((string)e.CommandArgument)].Value.ToString()); //获取当前被选中行的评论编号。

（2） BLL.Comment comment = new BLL.Comment(); //实例化 BLL。

（3） Model.Comment model = comment.GetModel(id); //根据评论编号实例化 Model。

（4） switch(e.CommandName)//使用 switch 语句判断当前单击的按钮，通过 ButtonField 的 CommandName 属性来判断。

（5） comment.Delete(id); //调用 BLL 层的 Delete()方法，根据评论编号删除评论信息。

（6） gvwComment.DataBind(); //刷新 GridView 控件数据，使用户能够看到操作的效果。

> **课堂拓展**
>
> （1）做好 Session 检查，未登录用户不得进入本页面。
> （2）修改页面，使之美观、大方。

4.8.3 修改评论

【总体目标】设计修改评论页面，包括设计页面布局和编写页面后台代码。

【技术要点】套用模板，引入 UEditor 控件，添加页面控件，调用 BLL 层方法。

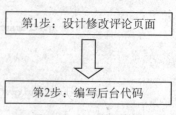

图 4-73 设计步骤

【完成步骤】

如图 4-73 所示，设计修改评论功能模块分为两步。

第 1 步：设计修改评论页面，包括套用模板、引入 UEditor 控件、添加页面控件。

第 2 步：编写后台代码，主要是编写修改按钮的单击事件。

修改评论页面的效果如图 4-74 所示。

图 4-74 修改评论页面

1. 设计修改评论页面

1）套用模板

因为修改评论页面和发表评论页面基本类似，所以只需要将 AddComment.aspx 代码套用到 EditComment.aspx 中，然后修改代码即可。

2) 引入 UEditor 控件

在页面头部需要引入 UEditor，代码如下所示：

```html
<link href="../ueditor/themes/iframe.css" rel="stylesheet" type="text/css" />
<link href="../ueditor/themes/default/css/ueditor.css" rel="stylesheet" type="text/css" />
<script src="../ueditor/ueditor.config.js" type="text/javascript"></script>
<script src="../ueditor/ueditor.all.min.js" type="text/javascript"></script>
<script src="../ueditor/lang/zh-cn/zh-cn.js" type="text/javascript"></script>
<script type="text/javascript">
    var editor = new UE.ui.Editor();
    editor.render("editor");
    editor.ready(function(){
        var t = $("#txtIntroduction").val();
        editor.setContent(t);
    })</script>
```

代码导读

(1) link 表示引入 CSS 样式。

(2) script 表示引入 js 文件。

(3) 最后一个 script 为实例化编辑器，并且取得隐藏的文本框 txtIntroduction 的值，其值通过后台 txtIntroduction.Text = model.CommentContent；语句取得。

3) 添加页面控件

修改评论页面总共有 4 个文本框控件、1 个按钮控件和 1 个标签控件。表 4-24 列出了页面控件属性。

表 4-24 控件属性

控件类型	控件 ID	主要属性设置	用途
TextBox	txtWorkID	Text 设置为空	输入作品编号
	txtName	Text 设置为空	输入作品名称
	txtUser	Text 设置为空	输入评论人信息
	txtIntroduction	display 设置为空	接收评论的详细介绍信息
Label	result	Text 设置为空	显示修改结果
Button	btnEdit	Text 设置为"修改"	修改评论信息

修改评论页面右边区域的源代码如下所示：

```html
<!-- Right Side/Main Content Start -->
<div id="rightside">
  <div class="contentcontainer">
    <div class="headings altheading">
      <h2>修改评论</h2>
    </div>
    <div class="contentbox">
```

```
            <table width="100%">
              <thead>
                <tr>
                  <td> 请按要求填写</td>
                </tr>
              </thead>
              <tbody>
                <tr>
                  <td>作品编号</td>
                  <td><asp:TextBox ID="txtWorkID" runat="server"></asp:TextBox></td>
                </tr>
                <tr>
                  <td>作品名称</td>
                  <td><asp:TextBox ID="txtName" runat="server"></asp:TextBox></td>
                </tr>
                <tr>
                  <td>作品所属人</td>
                  <td><asp:TextBox ID="txtUser" runat="server"></asp:TextBox></td>
                </tr>
                <tr>
                  <td>评论内容</td>
                  <td><script type="text/plain" id="editor"></script>
                    <asp:TextBox ID="txtIntroduction" runat="server" style="display:none"></asp:TextBox></td>
                </tr>
                <tr>
                  <td>确认修改</td>
                  <td><asp:Button ID="btnEdit" runat="server" Text="修改" class="btn" onclick="btnEdit_Click"/></td>
                </tr>
                <tr>
                  <td>结果</td>
                  <td><asp:Label ID="result" runat="server"></asp:Label></td>
                </tr>
              </tbody>
            </table>
          </div>
        </div>
      <!-- Alternative Content Box End -->

      <div style="clear:both;"></div>

      <!-- Content Box Start --><!-- Content Box End -->
      <div id="footer"> &copy;Copyright 2014 ASP.NET 项目开发实战 </div>
    </div>
  <!-- Right Side/Main Content End -->
```

2. 设计后台代码

```csharp
using System;
using System.Collections.Generic;
using System.Linq;
using System.Web;
using System.Web.UI;
using System.Web.UI.WebControls;

namespace Works.Web.Admin
{
    public partial class EditComment : System.Web.UI.Page
    {
        protected void Page_Load(object sender, EventArgs e)
        {
            string id = Request["id"];
            if(!IsPostBack)
            {
                BLL.Comment comment = new BLL.Comment();//实例化 BLL
                Model.Comment model = comment.GetModel(int.Parse(id));
                                                    //根据评论编号获取评论实体
                txtWorkID.Text = model.WorkID.ToString();
                txtName.Text = model.WorkName;
                txtUser.Text = model.UserName;
                txtIntroduction.Text = model.CommentContent;
            }
        }

        protected void btnEdit_Click(object sender, EventArgs e)
        {
            string id = Request["id"];
            BLL.Comment comment = new BLL.Comment();//实例化 BLL
            int workid = int.Parse(txtWorkID.Text);
            string workname = txtName.Text;
            string username = txtUser.Text;
            string commentcontent = Request["editorValue"];
                                //获取 UEditor 插件中作品的评论内容
            Model.Comment model = new Model.Comment();//实例化 Model
            model.CommentID = int.Parse(id);
            model.WorkID = workid;
            model.WorkName = workname;
            model.UserName = username;
            model.CommentContent = commentcontent;
```

```
            model.CommentTime = DateTime.Now;
            bool r = comment.Update(model);//判断是否修改成功
            if(r == true)
            {
                Response.Redirect("ManageComment.aspx");
            }
            else
            {
                result.Text = "修改失败";
            }
        }
    }
}
```

> **代码导读**
>
> （1）string id = Request["id"]；//获取需要修改的评论编号。
> （2）if（!IsPostBack）//防止无法修改数据。
> （3）BLL.Comment comment = new BLL.Comment()；//实例化 BLL。
> （4）Model.Comment model = comment.GetModel(int.Parse(id))；//根据评论编号获取评论实体。
> （5）Model.Comment model = new Model.Comment()；//实例化 Model。
> （6）string commentcontent = Request["editorValue"]；//获取 UEditor 插件中作品的评论内容。
> （7）bool r = comment.Update(model)；//调用 BLL 层 Update()方法实现数据修改。
> （8）if(r == true)//根据返回值判断是否成功修改数据。如果为 true，说明修改成功，直接跳转到管理评论页面查看修改的信息。

> **课堂拓展**
>
> （1）做好 Session 检查，未登录用户不得进入本页面。
> （2）对文本框输入的内容做规范化检查。
> （3）将修改失败提示信息用对话框形式展现。

4.9 相关技术

4.9.1 ADO.NET 基础

ADO.NET 是一组向.NET Framework 程序员公开数据访问服务的类。ADO.NET 为创建分布式数据共享应用程序提供了一组丰富的组件。它提供了对关系数据、XML 和应用程序数据的访问，因此是.NET Framework 中不可缺少的一部分。ADO.NET 支持多种开发需求,包括创建由应用程序、工具、语言或 Internet 浏览器使用的前端数据库客户端和中间层业务对象。

ADO. NET 提供对如 SQL Server 和 XML 这样的数据源以及通过 OLE DB 和 ODBC 公开的数据源的一致访问。共享数据的使用方应用程序可以使用 ADO. NET 连接到这些数据源,并可以检索、处理和更新其中包含的数据。

ADO. NET 通过数据处理,将数据访问分解为多个可以单独使用或一前一后使用的不连续组件。ADO. NET 包含用于连接到数据库、执行命令和检索结果的 . NET Framework 数据提供程序。这些结果或者被直接处理,放在 ADO. NET DataSet 对象中以便以特别的方式向用户公开,并与来自多个源的数据组合;或者在层之间传递。DataSet 对象也可以独立于 . NET Framework 数据提供程序,用于管理应用程序本地的数据或源自 XML 的数据。

ADO. NET 类位于 System. Data. dll 中,并与 System. Xml. dll 中的 XML 类集成。ADO. NET 结构如图 4-75 所示。

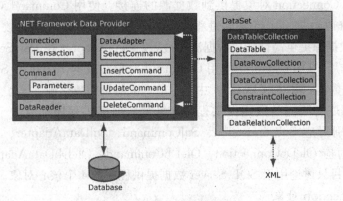

图 4-75　ADO. NET 结构

ADO. NET 用于访问和操作数据的两个主要组件是 . NET Framework 数据提供程序和 DataSet。

表 4-25 列出了 . NET Framework 中包含的数据提供程序。

表 4-25　. NET Framework 中所包含的数据提供程序

. NET Framework 数据提供程序	说　　明
. NET Framework 用于 SQL Server 的数据提供程序	提供对 Microsoft SQL Server 7.0 或更高版本中数据的访问。使用 System. Data. SqlClient 命名空间
. NET Framework 用于 OLE DB 的数据提供程序	提供对使用 OLE DB 公开的数据源中数据的访问。使用 System. Data. OleDb 命名空间
. NET Framework 用于 ODBC 的数据提供程序	提供对使用 ODBC 公开的数据源中数据的访问。使用 System. Data. Odbc 命名空间
. NET Framework 用于 Oracle 的数据提供程序	适用于 Oracle 数据源。用于 Oracle 的 . NET Framework 数据提供程序支持 Oracle 客户端软件 8.1.7 和更高版本,并使用 System. Data. OracleClient 命名空间
EntityClient 提供程序	提供对实体数据模型(EDM)应用程序的数据访问。使用 System. Data. EntityClient 命名空间

表 4-26 列出了 .NET Framework 数据提供程序的 4 个核心对象。

表 4-26　.NET Framework 数据提供程序的 4 个核心对象

.NET Framework 数据提供程序的核心对象	说　明
Connection	建立与特定数据源的连接。所有 Connection 对象的基类均为 DbConnection 类
Command	对数据源执行命令。公开 Parameters，并可在 Transaction 范围内从 Connection 执行。所有 Command 对象的基类均为 DbCommand 类
DataReader	从数据源中读取只进且只读的数据流。所有 DataReader 对象的基类均为 DbDataReader 类
DataAdapter	使用数据源填充 DataSet 并解决更新。所有 DataAdapter 对象的基类均为 DbDataAdapter 类

　　.NET Framework 数据提供程序是专门为数据操作以及快速、只进、只读访问数据而设计的组件。Connection 对象提供到数据源的连接。使用 Command 对象可以访问用于返回数据、修改数据、运行存储过程以及发送或检索参数信息的数据库命令。DataReader 可从数据源提供高性能的数据流。最后，DataAdapter 在 DataSet 对象和数据源之间起到桥梁作用。DataAdapter 使用 Command 对象在数据源中执行 SQL 命令，以便向 DataSet 加载数据，并将对 DataSet 中数据的更改协调回数据源。

　　不同的数据库有不同的数据提供程序，每个数据提供程序都有 4 个核心对象，如 SQL Server 分别对应 SqlConnection、SqlCommand、SqlDataAdapter、SqlDataReader，Access 数据库对应 OleDbConnection、OleDbCommand、OleDbDataAdapter、OleDbDataReader。本项目只讨论用于 SQL Server 数据提供程序的 4 个核心对象。

1. SqlConnection 对象

1）SqlConnection 属性和方法

表 4-27 列出了 SqlConnection 的主要属性和方法。

表 4-27　SqlConnection 主要属性和方法

属　性	说　明
ConnectionString	获取或者设置打开 SQL Server 的连接字符串
ConnectionTimeOut	获取尝试建立连接的等待时间
Database	获取目前连接的数据库名称
DataSource	获取 SQL Server 实例的名称
ServerVersion	获取 SQL Server 实例的版本
State	获取目前 SqlConnection 的连接状态
方　法	说　明
Open	打开 SQL Server 数据库连接
Close	关闭 SQL Server 数据库连接

2）SqlConnection 的使用示例

首先，要引用 SqlClient。

```
using System.Data.SqlClient;
```

其次，要定义 SqlConnection。

//数据库连接字符串
private static string connectionString = "Data Source = .;Initial Catalog = Works;Integrated Security = SSPI";
SqlConnection connection = new SqlConnection(connectionString);//定义 SqlConnection
connection.Open();//打开连接

2. SqlCommand

使用 Command 对象可以访问用于返回数据、修改数据、运行存储过程以及发送或检索参数信息的数据库命令。

当打开数据库后，如果想执行数据库数据的添加、删除和修改，通过 Command 对象的 ExecuteNonQuery 方法直接执行；如果执行数据库的查询工作，通过 DataAdapter 对象的 Fill 方法，将查询的数据结果写入 DataSet。

1）SqlCommand 属性和方法

表 4-28 列出了 SqlCommand 的主要属性和方法。

表 4-28 SqlCommand 主要属性和方法

属　　性	说　　明
CommandText	获取或设置要对数据源执行的 Transact-SQL 语句或存储过程
Connection	获取或设置 SqlCommand 实例使用的 SqlConnection
Parameters	获取 SqlParameterCollection
方　　法	说　　明
Cancel	尝试取消 SqlCommand 的执行
ExecuteNonQuery	完成 Transact-SQL 语句的异步执行
ExecuteReader	完成 Transact-SQL 语句的异步执行，返回请求的 SqlDataReader
ExecuteScalar	执行查询，并返回查询所返回的结果集中的第 1 行第 1 列，忽略其他列或行
CreateParameter	创建 SqlParameter 对象的新实例

2）SqlCommand 的使用示例

SqlCommand cmd = new SqlCommand(SQLString, connection);//定义 SqlCommand
cmd.ExecuteNonQuery();//执行 SQL 语句

3. DataReader 对象

使用 DataReader 对象的 Read 方法，可从查询结果中获取行。通过向 DataReader 传递列的名称或序号引用，可以访问返回行的每一列。

SqlDataReader 的使用方法如以下代码所示：

SqlCommand command = newSqlCommand("SELECT * FROM UserInfo", connection);
connection.Open();
SqlDataReader reader = command.ExecuteReader();

4. DataAdapter 和 Dataset 对象

DataAdapter 是 DataSet 和数据源之间的桥接器，用于检索和保存数据。DataAdapter 通过对数据源使用适当的 Transact-SQL 语句映射 Fill 和 Update 来提供这一桥接。

当 DataAdapter 填充 DataSet 时,它为返回的数据创建必需的表和列。

表 4-29 列出了 SqlDataAdapter 的主要属性和方法。

表 4-29 SqlDataAdapter 主要属性和方法

属 性	说 明
SelectCommand	获取或设置一个 Transact-SQL 语句或存储过程,用于在数据源中选择记录
InsertCommand	获取或设置一个 Transact-SQL 语句或存储过程,以便在数据源中插入新记录
DeleteCommand	获取或设置一个 Transact-SQL 语句或存储过程,以便从数据集删除记录
UpdateCommand	获取或设置一个 Transact-SQL 语句或存储过程,用于更新数据源中的记录
方 法	说 明
Fill	填充 DataSet 或 DataTable(从 DbDataAdapter 继承)
Update	为 DataSet 中每个已插入、已更新或已删除的行调用相应的 INSERT、UPDATE 或 DELETE 语句(从 DbDataAdapter 继承)

ADO.NET DataSet 是数据的一种内存驻留表示形式,无论它包含的数据来自什么数据源,都会提供一致的关系编程模型。DataSet 表示整个数据集,其中包含对数据进行包含、排序和约束的表以及表间的关系。

使用 DataSet 的方法有若干种。这些方法可以单独应用,也可以结合应用。

(1) 以编程方式在 DataSet 中创建 DataTable、DataRelation 和 Constraint,并使用数据填充表。

(2) 通过 DataAdapter,用现有关系数据源中的数据表填充 DataSet。

(3) 使用 XML 加载和保持 DataSet 内容。

表 4-30 列出了 DataSet 的主要属性和方法。

表 4-30 DataSet 主要属性和方法

属 性	说 明
DataSetName	获取或设置当前 DataSet 的名称
Relations	获取用于将表链接起来并允许从父表浏览子表关系的集合
Tables	获取包含在 DataSet 中的表的集合
方 法	说 明
AcceptChanges	提交自加载此 DataSet 或上次调用 AcceptChanges 以来对其进行的所有更改
Clear	通过移除所有表中的所有行来清除任何数据的 DataSet
Copy	复制该 DataSet 的结构和数据

通过 SqlDataAdapter 向 DataSet 填充数据的代码如下所示:

```
SqlConnection connection = new SqlConnection(connectionString);//定义 SqlConnection
DataSet ds = new DataSet();//定义 DataSet
connection.Open();//打开连接
SqlDataAdapter command = new SqlDataAdapter(SQLString, connection);//定义 SqlDataAdapter
command.Fill(ds, "ds");//填充到 ds
```

4.9.2 SQL 语言基础

SQL(Structured Query Language)结构化查询语言,是一种数据库查询和程序设计语言，用于存取数据以及查询、更新和管理关系数据库系统，也是数据库脚本文件的扩展名。

SQL语言可以对两种基本数据结构进行操作，一种是"表"，另一种是"视图（View）"。视图由不同数据库中满足一定约束条件的数据所组成，用户可以像基本表一样对视图进行操作。当对视图操作时，由系统转换成对基本表的操作。视图可以作为某个用户的专用数据部分，便于使用，提高了数据的独立性，有利于数据的安全保密。

本项目主要是对数据表中的数据进行添加、修改、删除和查询。下面以对用户表UserInfo的基本操作为例，简单介绍几种语句的写法。

1. 插入数据

插入数据的语句格式如下所示：

```
INSERT [INTO]table_name [(column_list)]VALUES(data_values)
```

其中，table_name是将要添加数据的表，column_list是用逗号分开的表中的部分列名，data_values是要向上述列添加的数据，数据间用逗号分开。

如果在VALUES选项中给出了所有列的值，可以省略column_list部分。

在INSERT语句中，如果插入的是一整行完整数据，即包括所有字段，可以在表名后不写上所有字段名。

例如，向用户表UserInfo插入一整行数据，代码如下所示：

```
INSERT INTO UserInfo
VALUES('张然','123456','管理员')
```

在INSERT语句中，如果插入的一行记录不包括所有字段，则必须在表名后面写上相应的字段名，并用括号括起来。

2. 修改数据

修改数据的语句格式如下所示：

```
UPDATE table_name SET column_name = expression[FROM table_source]
[WHERE search_conditions]
```

其中，SET指明将要更改哪些列以及改成何值。

WHERE选项指明更新哪些行。在更新数据时，一般都有条件限制，否则将更新表中的所有数据，可能导致丢失有效数据。

FROM选项用来从其他表中取得数据来修改表中的数据。

例如，在用户表UserInfo中，将姓名为"张然"的用户类型改为"操作员"，代码如下所示：

```
UPDATE UserInfo
SET UserType = '操作员'
WHERE UserName = '张然'
```

3. 删除数据

删除数据的语句格式如下所示：

```
DELETE[FROM]table_name [WHERE search_conditions]
```

其中，[FROM]是任选项，用来增加可读性。

例如，在用户表 UserInfo 中，将姓名为"张然"的信息删除，代码如下所示：

DELETE FROM UserInfo WHERE UserName = '张然'

注意：DELETE 语句用于删除整条记录，不会删除单个字段，所以在 DELETE 后不能出现字段名。

4. 查询数据

SELECT 语句是 SQL 语言中最核心的语句，主要用于查询数据，基本格式如下所示：

SELECT column_name[,column_name,…]
FROM table_name
WHERE seartch_condition

例如，在用户表 UserInfo 中，查找所有管理员的信息，代码如下所示：

SELECT * FROM UserInfo WHERE UserType = '管理员'

4.9.3 Application 对象和 Session 对象

1. Application 对象

在编写 ASP.NET 程序时，编程人员希望存储一段信息，这段信息可能被整个网站的所有页面使用，这时要用到 Application 对象。Application 对象用来存储 Web 应用级的状态信息，用于存储需要在服务器往返行程之间以及页请求之间维护的信息。

表 4-31 列出了 Application 对象的常用属性和方法

表 4-31 Application 对象常用属性和方法

属 性	说　明
AllKeys	返回全部 Application 对象变量名到一个字符串数组中
Count	获取 Application 对象变量的数量
Item	允许使用索引或 Application 变量名称传回内容值
方 法	说　明
Add	新增一个 Application 对象变量
Clear	清除全部 Application 对象变量
Lock	锁定全部 Application 对象变量
Remove	使用变量名称移除一个 Application 对象变量
RemoveAll	移除全部 Application 对象变量
Set	使用变量名称更新一个 Application 对象变量的内容
UnLock	解除锁定的 Application 对象变量

2. Session 对象

Session 对象用于存储在多个页面调用之间特定用户的信息。Session 对象只针对单一网站使用者，不同的客户端无法互相访问。Session 对象中止于联机机器离线时，也就是当网站使用者关掉浏览器或超过设定 Session 对象的有效时间时，Session 对象变量将关闭。

表 4-32 列出了 Session 对象常用的属性和方法。

表 4-32　Session 对象常用属性和方法

属　　性	说　　明
TimeOut	传回或设定 Session 对象变量的有效时间，如果使用者超过有效时间没有动作，Session 对象将失效。默认值为 20 分钟

方　　法	说　　明
Abandon	此方法结束当前会话，并清除会话中的所有信息。如果用户随后访问页面，可以为它创建新会话
Clear	此方法清除全部 Session 对象变量，但不结束会话

例如，在 Login.aspx 页面用户验证成功后，输入下面的代码，在其他管理页面就可以使用 Session["admin"]了。默认为当前登录用户。

```
Session["admin"] = txtName.Text.Trim();
```

3. Application 对象和 Session 对象的区别

1）应用范围不同

Session 是对应某一个用户的，而 Application 是整站共用的。

2）存活时间不同

Session 是在站点的页面从打开到被关闭之前一直生存的。关闭或跳转到其他网站，会使 Session 失效。而 Application 是从站点发布以来一直存活的，除非重启了站点服务。

Session 的中文是"会话"的意思，Session 代表了服务器与客户端之间的"会话"。利用 Session 可以存储浏览者的一些特定信息，如浏览者的姓名、性别、所用浏览器的类型以及访问停留时间等。Session 对个人信息的安全性构成了一定威胁。

Application 对象是一个应用程序级的对象，它包含的数据可以在整个 Web 站点中被所有用户使用，并且可以在网站运行期间持久地保存数据。

4.9.4　页面切换与数据传递

1. 页面切换

对于 ASP.NET 项目，一般由许多网页组成，页面间需要经常切换，有时还需要传递数据。在 ASP.NET 中，网页切换的方法很多，主要有以下几种。

（1）利用超链接方式。

例如，使用<a>或者 HyperLink 控件直接连接到其他网页。这是从一个网页到另一个网页最简单的方法。

（2）利用 Button、ImageButton 和 LinkButton 控件的 PostBackUrl 属性切换到新网页。

在 Button、LinkButton 和 ImageButton 控件中，有一个 PostBackUrl 属性，可以利用该属性切换到另一个网页。这种切换方式称为跨页切换。在跨页切换操作中，服务器会将源网页上控件的值发送到目标网页。

（3）使用 Response.Redirect()或 Server.Transfer()方法切换到新的网页。

例如，在管理用户模块，使用 Response.Redirect()直接从管理用户页面跳转到修改用户页面，代码如下所示：

```
Response.Redirect(string.Format("EditUser.aspx?username={0}", username));
```

(4) 使用导航控件。

ASP.NET 提供的导航控件有 SiteMapPath 控件、Menu 控件和 TreeView 控件。利用站点地图和 SiteMapPath 控件实现自动导航,利用 Menu 控件或者 TreeView 控件实现自定义导航。

2. 页面间的数据传递

在 Asp.net 页面之间传递数据的方法很多,下面列出几种常用的方法。

(1) 第一种方法:通过 URL 链接地址传递 Request.QueryString。

例如,在 send.aspx 上的按钮单击事件如下所示:

```
protected void Button1_Click(object sender, EventArgs e)
{
    Request.Redirect("receive.aspx?username=andy");
}
```

在 receive.aspx,按照如下方式获取数据:

```
string username = Request.QueryString["username"];
```

(2) 第二种方法:通过 post 方式 Request。

例如,在 send.aspx 上,代码如下所示:

```
<form id="form1" runat="server" action="receive.aspx" method=post>
    <div>
        <asp:TextBox ID="username" runat="server"></asp:TextBox>
        <asp:Button ID="Button1" runat="server" OnClick="Button1_Click" Text="Button" />
    </div>
</form>
```

在 receive.aspx,按照如下方式获取数据:

```
string username = Ruquest.Form["receive"];
```

(3) 第三种方法:通过 session。

例如,在 send.aspx 上的按钮单击事件如下所示:

```
protected void Button1_Click(object sender, EventArgs e)
{
    Session["username"] = "honge";
    Request.Redirect("receive.aspx");
}
```

在 receive.aspx,按照如下方式获取数据:

```
string username = Session["username"];
```

(4) 第四种方法:通过 Application。

例如,在 send.aspx 上的按钮单击事件如下所示:

```
protected void Button1_Click(object sender, EventArgs e)
{
    Application["username"] = "andy";
    Request.Redirect("receive.aspx");
}
```

在 receive.aspx，按照如下方式获取数据：

```
string username = Application["username"];
```

4.9.5 GrideView 控件

显示表格数据是软件开发中的一个周期性任务。ASP.NET 提供了许多工具用于在网格中显示表格数据，例如 GridView 控件。GridView 控件以表格的形式显示数据，这些数据来自数据库，也可以来自 XML 文件，还可以来自数据的业务对象。

1. GridView 控件的作用

可以使用 GridView 控件执行下面的操作：

（1）通过数据源控件自动绑定和显示数据。

（2）通过数据源控件对数据进行选择、排序、分页、编辑和删除。

另外，通过执行以下操作，自定义 GridView 控件的外观和行为：

（1）指定自定义列和样式。

（2）利用模板创建自定义用户界面（UI）元素。

（3）通过处理事件，将自己的代码添加到 GridView 控件的功能中。

2. 使用 GridView 控件进行数据绑定

GridView 控件提供了两个用于绑定到数据的选项。

（1）使用 DataSourceID 属性进行数据绑定。利用此选项，编程人员能够将 GridView 控件绑定到数据源控件。建议使用此方法，因为它允许 GridView 控件利用数据源控件的功能，并提供了内置的排序、分页和更新功能。

（2）使用 DataSource 属性进行数据绑定。利用此选项，编程人员能够绑定到包括 ADO.NET 数据集和数据读取器在内的各种对象。此方法需要为所有附加功能（如排序、分页和更新）编写代码。

当使用 DataSourceID 属性绑定到数据源时，GridView 控件支持双向数据绑定。除可以使该控件显示返回的数据之外，还可以使它自动支持对绑定数据的更新和删除操作。

3. GridView 控件事件

在对代码能够响应的绑定数据进行分页和更新的过程中，GridView 控件会引发许多事件。下面是由 GridView 控件公开的事件：

（1）RowCommand 事件：在 GridView 控件中单击某个按钮时发生。此事件通常用于在该控件中单击某个按钮时执行某项任务。

（2）PageIndexChanging 事件：在单击页导航按钮时发生，但在 GridView 控件执行分页操作之前。此事件通常用于取消分页操作。

（3）PageIndexChanged 事件：在单击页导航按钮时发生，但在 GridView 控件执行分页操作之后。此事件通常用于在用户定位到该控件中不同的页之后需要执行某项任务时。

（4）SelectedIndexChanging 事件：在单击 GridView 控件内某一行的 Select 按钮（其 CommandName 属性设置为"Select"的按钮）时发生，但在 GridView 控件执行选择操作之前。此事件通常用于取消选择操作。

（5）SelectedIndexChanged 事件：在单击 GridView 控件内某一行的 Select 按钮时发生，但在 GridView 控件执行选择操作之后。此事件通常用于在选择了该控件中的某行后执行某项任务。

（6）Sorting 事件：在单击某个用于对列进行排序的超链接时发生，但在 GridView 控件执行排序操作之前。此事件通常用于取消排序操作或执行自定义的排序例程。

（7）Sorted 事件：在单击某个用于对列进行排序的超链接时发生，但在 GridView 控件执行排序操作之后。此事件通常用于在用户单击对列进行排序的超链接之后执行某项任务。

（8）RowDataBound 事件：在 GridView 控件中的某个行被绑定到一个数据记录时发生。此事件通常用于在某个行被绑定到数据时修改该行的内容。

（9）RowCreated 事件：在 GridView 控件中创建新行时发生。此事件通常用于在创建某个行时修改该行的布局或外观。

（10）RowDeleting 事件：在单击 GridView 控件内某一行的 Delete 按钮（其 CommandName 属性设置为"Delete"的按钮）时发生，但在 GridView 控件从数据源删除记录之前。此事件通常用于取消删除操作。

（11）RowDeleted 事件：在单击 GridView 控件内某一行的 Delete 按钮时发生，但在 GridView 控件从数据源删除记录之后。此事件通常用于检查删除操作的结果。

（12）RowEditing 事件：在单击 GridView 控件内某一行的 Edit 按钮（其 CommandName 属性设置为"Edit"的按钮）时发生，但在 GridView 控件进入编辑模式之前。此事件通常用于取消编辑操作。

（13）RowCancelingEdit 事件：在单击 GridView 控件内某一行的 Cancel 按钮（其 CommandName 属性设置为"Cancel"的按钮）时发生，但在 GridView 控件退出编辑模式之前。此事件通常用于停止取消操作。

（14）RowUpdating 事件：在单击 GridView 控件内某一行的 Update 按钮（其 CommandName 属性设置为"Update"的按钮）时发生，但在 GridView 控件更新记录之前。此事件通常用于取消更新操作。

（15）RowUpdated 事件：在单击 GridView 控件内某一行的 Update 按钮时发生，但在 GridView 控件更新记录之后。此事件通常用来检查更新操作的结果。

（16）DataBound 事件：此事件继承自 BaseDataBoundControl 控件，在 GridView 控件完成到数据源的绑定后发生。

4.9.6 CSS 和 DIV 基础

本书项目页面布局基本上采用 CSS+DIV，读者需要了解基本的 CSS 和 DIV 基础知识，能简单应用 CSS 样式。

1. CSS 基础

CSS 是 Cascading Style Sheets 的缩写，中文翻译为层叠样式表，简称样式表。它是一种制作网页的新技术。

1) CSS 语法

CSS 规则由两个主要的部分构成：选择器，以及一条或多条声明。

selector {declaration1;declaration2;...declarationN }

其中，选择器通常是需要改变样式的 HTML 元素；每条声明由一个属性和一个值组成。

例如，h1 是选择器，color 和 font-size 是属性，red 和 15px 是值。

h1 {color:red;font-size:15px;}

2) CSS 常用属性

表 4-33～表 4-38 列出了 CSS 常用的属性。

表 4-33 字体（Font）属性

属　　性	说　　明
font	在一个声明中设置所有字体属性
font-family	规定文本的字体系列
font-size	规定文本的字体尺寸
font-size-adjust	为元素规定 aspect 值
font-stretch	收缩或拉伸当前的字体系列
font-style	规定文本的字体样式
font-variant	规定文本的字体样式
font-weight	规定字体的粗细

表 4-34 文本属性（Text）属性

属　　性	说　　明
color	设置文本的颜色
direction	规定文本的方向／书写方向
letter-spacing	设置字符间距
line-height	设置行高
text-align	规定文本的水平对齐方式
text-decoration	规定添加到文本的装饰效果
text-indent	规定文本块首行的缩进
text-shadow	规定添加到文本的阴影效果
text-transform	控制文本的大小写
unicode-bidi	设置文本方向
white-space	规定如何处理元素中的空白
word-spacing	设置单词间距

表 4-35 背景（Background）属性

属　　性	说　　明
background	在一个声明中设置所有的背景属性
background-attachment	设置背景图像是否固定，或者随着页面的其余部分滚动
background-color	设置元素的背景颜色

属 性	说 明
background-image	设置元素的背景图像
background-position	设置背景图像的开始位置
background-repeat	设置是否及如何重复背景图像

表 4-36 外边距属性（Margin）属性

属 性	说 明
margin	设置所有外边距属性
margin-bottom	设置元素的下外边距
margin-left	设置元素的左外边距
margin-right	设置元素的右外边距
margin-top	设置元素的上外边距

表 4-37 内边距属性（Padding）属性

属 性	说 明
padding	在一个声明中设置所有内边距属性
padding-bottom	设置元素的下内边距
padding-left	设置元素的左内边距
padding-right	设置元素的右内边距
padding-top	设置元素的上内边距

表 4-38 边框（Border）属性

属 性	说 明
border	在一个声明中设置所有的边框属性
border-bottom	在一个声明中设置所有的下边框属性
border-bottom-color	设置下边框的颜色
border-bottom-style	设置下边框的样式
border-bottom-width	设置下边框的宽度
border-color	设置四条边框的颜色
border-left	在一个声明中设置所有的左边框属性
border-left-color	设置左边框的颜色
border-left-style	设置左边框的样式
border-left-width	设置左边框的宽度
border-right	在一个声明中设置所有的右边框属性
border-right-color	设置右边框的颜色
border-right-style	设置右边框的样式
border-right-width	设置右边框的宽度
border-style	设置四条边框的样式
border-top	在一个声明中设置所有的上边框属性
border-top-color	设置上边框的颜色
border-top-style	设置上边框的样式
border-top-width	设置上边框的宽度
border-width	设置四条边框的宽度

2. DIV 基础

DIV 是 division 的简写，division 意为分割、区域、分组。经常将 DIV 说成"层"。

<div>可定义文档中的分区或节（division/section）。<div>标签把文档分割为独立的、不同的部分。它可以用作严格的组织工具，并且不使用任何格式与其关联。如果用 id 或 class 来标记<div>，该标签的作用将更加有效。class 用于元素组，而 id 用于标识单独的唯一的元素。class 可以在页面里重复使用；id 由于在页面里面只能出现一次，所以不能重复使用，因此尽量用 class 来写，以便在页面里重复引用 css，减小工作量和代码量。

4.9.7　UEditor 介绍

UEditor 是由百度 Web 前端研发部开发的所见即所得富文本 Web 编辑器，具有轻量、可定制、注重用户体验等特点，开源基于 MIT 协议，允许自由使用和修改代码。

UEditor 有以下优点：

（1）功能全面：涵盖流行富文本编辑器特色功能，独创多种全新编辑操作模式。

（2）用户体验：屏蔽各种浏览器之间的差异，提供良好的富文本编辑体验。

（3）开源免费：开源基于 MIT 协议，支持商业和非商业用户的免费使用和任意修改。

（4）定制下载：细粒度拆分核心代码，提供可视化功能选择和自定义下载。

（5）专业稳定：百度专业 QA 团队持续跟进，上千自动化测试用例支持。

下载网站为 http://ueditor.baidu.com/website/。

UEditor 以绝对路径存储图片。当项目发布后，测试数据将不可使用，需要进入数据库修改路径，或者清空所有测试数据，然后重新上传数据。

本章小结

本章介绍"畅享汇"项目的后台设计过程，包括页面设计模板的选中、管理员登录界面设计、管理主页面设计、用户管理模块设计、活动管理模块设计、作品管理模块设计和作品评论模块设计。

本章技术要点：

（1）后台管理 HTML 模板。

（2）数据的添加。

（3）数据的修改。

（4）数据的删除。

实训指导

【实训目的要求】

1. 理解三层架构的思想。

 ASP.NET 项目开发实战

2. 熟练三层架构各层调用的方法。
3. 掌握 GridView 的使用方法。
4. 熟练 SqlDataSource 的使用方法。
5. 掌握 UEditor 的引用方法。

【实训内容】

题目一：设计实战项目的后台登录模块。
题目二：设计实战项目的后台管理模块。

第 5 章 项目前台设计

> **本章知识目标**

- 掌握页面布局的方法
- 掌握三层架构中数据操作的方法
- 熟练掌握 DataList 控件的使用方法
- 熟练掌握 SqlDataSource 的使用方法

> **本章能力目标**

- 能够熟练调用 HTML 页面模板
- 能够熟练对页面进行布局
- 能够熟练使用 DataList 控件

对普通用户来说，一个网站项目的前台页面代表了整个网站，页面的美观和友好程度直接影响用户的体验效果。本章不仅教会读者如何实现后台数据展示，还教会读者如何设计美观大方的前台页面，使其在今后的学习过程中能够举一反三。

5.1 前台页面整体设计

5.1.1 规划

作为一个学习项目，不可能把所有的东西都考虑进去，只能展现基本的部分。页面不多，但包括了基本的知识和技能。读者需要学习的是方法，而不只是完成这个项目。因为项目是千变万化的，只要学会开发的方法，就能正确面对。本项目需要读者完善许多项目功能，将在后面的章节中给出具体要求。

整个项目前台除主页面外，还有用户登录页面、用户注册页面、用户中心页面、作品列表页

表 5-1 页面说明

页面	说明
Default.aspx	主页面
UserCenter.aspx	用户中心页面
Login.aspx	用户登录页面
Register.aspx	用户注册页面
WorkList.aspx	作品列表页面
Work.aspx	作品展示页面
UploadWork.aspx	作品发布页面
ActivityList.aspx	活动列表页面
Activity.aspx	活动展示页面

面、作品展示页面、作品发布页面、活动列表页面和活动展示页面，如表 5-1 所示。

5.1.2 添加页面

类似于添加后台管理页面，添加前台所有页面。
全部添加完成后，项目如图 5-1 所示。

5.1.3 添加文件夹

项目需要一个文件夹"style"，用于存放控制页面的 CSS 文件，如图 5-2 所示。在解决方案资源管理器中，右击【Web】项目，然后选择【添加】|【新建文件夹】命令，并将文件夹命名为"style"。

为了便于学习，本项目为每个页面设计一个 CSS 文件，用于控制页面的布局，读者可以模仿编写并改进相关 CSS 代码。本书将提供完整的前后台 CSS 源文件，供读者直接使用，而将主要时间用在关注 ASP.NET 编程本身上。前台展示页面布局为作者编写的模板，在本书提供的网站 http://www.zjcourse.com/aspx/中下载。

采用同样的方法，项目还需要建立一个"js"文件夹，存放 JavaScript 文件，实现页面的一些特效。

将项目中的"Images"修改为"images"，符合存储图片文件命名习惯。

图 5-1 项目结构

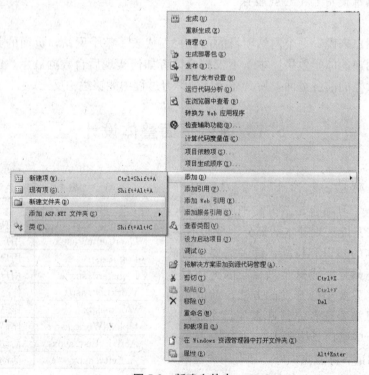

图 5-2 新建文件夹

课堂拓展

根据自己对项目的理解,新增需要的页面。

5.2 主页面设计

【总体目标】设计项目主页面。

【技术要点】页面整体设计,套用模板,配置 SqlDataSource,布局 DataList 控件。

【完成步骤】

(1)设计页面,包括设计页面布局、套用模板、展示最新作品、展示推荐作品、展示最新活动、制作用户登录、注册等链接。

(2)编写后台代码。

5.2.1 设计页面

1. 设计页面布局

主界面的页面布局很重要,布局的好坏影响了用户的访问兴趣等,布局力求简洁而不失美观。页面布局结构如图 5-3 所示,页面效果如图 5-4 所示。

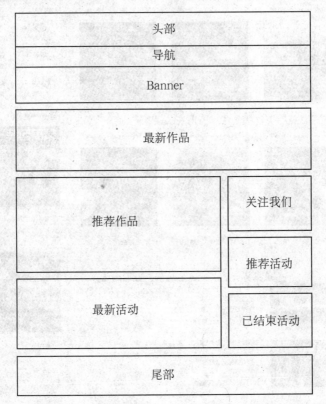

图 5-3 页面布局结构

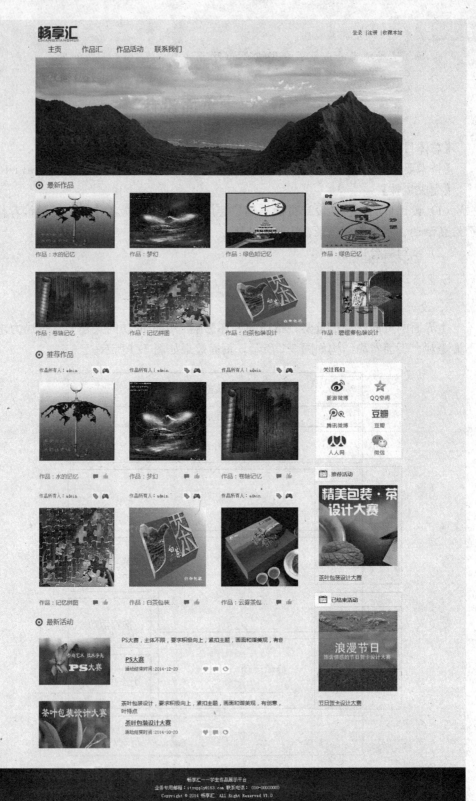

图 5-4　主页面

> **技术细节**
>
> 一般情况下，主页面尽量包括要展示的所有内容，但必须精心设计布局，使页面丰满而不显臃肿，色彩搭配尽量配合项目主题。

2. 调用 CSS 实现页面初步布局

类似后台管理调用模板，将 Default.html 代码复制到 Default.aspx 文件中。完成后，代码如下所示：

```
<%@ Page Language="C#" AutoEventWireup="true" CodeBehind="Default.aspx.cs" Inherits="Works.Web.Default" %>
<!DOCTYPE html PUBLIC "-//W3C//DTD XHTML 1.0 Transitional//EN" "http://www.w3.org/TR/xhtml1/DTD/xhtml1-transitional.dtd">
<html xmlns="http://www.w3.org/1999/xhtml">
<head runat="server">
<meta http-equiv="Content-Type" content="text/html;charset=utf-8" />
<title>畅享汇主页</title>
<link href="style/css.css" rel="stylesheet" type="text/css" />
<link href="style/default.css" rel="stylesheet" type="text/css" />
</head>
<body>
    <form id="form1" runat="server">
    <div>
  <div id="box">
<div id="header">
    <div id="logo"><img src="images/logo.png" width="120" height="40" /></div>
</div>
<div id="nav">
    <ul>
        <li>主页</li>
        <li><a href="WorkList.aspx" target="_blank">作品汇</a></li>
        <li><a href="ActivityList.aspx" target="_blank">作品活动</a></li>
        <li>联系我们</li>
    </ul>
</div>
<div id="banner">
    <ul>
        <li><a href="" target="_blank"><img src="images/banner.jpg" alt="" /></a></li>
    </ul>
</div>
<div id="main1">
    <div class="title">最新作品</div>
</div>
```

```html
            <div id="main2">
                <div id="main2-left">
                <div id="main2-left-1">
                    <div class="title">推荐作品</div>
                </div>
                <div id="main2-left-2">
                    <div class="title">最新活动</div>
                </div>
            </div>
            <div id="main2-right">
                <div class="follow">
                    <div class="follow-title">关注我们</div>
                    <ul>
                        <li><a href="http://weibo.com/u/2368924221?wvr=5&c=spr_web_sq_baidub_weibo_t002"></a></li>
                        <li><a href="http://qzone.qq.com/"></a></li>
                        <li><a href="http://t.qq.com/"></a></li>
                        <li><a href="http://www.douban.com/"></a></li>
                        <li><a href="http://www.renren.com/"></a></li>
                        <li><a href="http://weixin.qq.com/"></a></li>
                    </ul>
                </div>
                <div class="recommend">
                    <div class="recommend-title">推荐活动</div>
                    <div class="recommend-img"><img src="images/tea.jpg" width="205" height="205" /></div>
                    <div class="recommend-name"><a href="Activity.aspx?ID=2">茶叶包装设计大赛</a></div>
                </div>
                <div class="recommend">
                    <div class="recommend-title">已结束活动</div>
                    <div class="recommend-img"><img src="images/holiday.jpg" width="205" height="205" /></div>
                    <div class="recommend-name"><a href="Activity.aspx?ID=1">节日贺卡设计大赛</a></div>
                </div>
            </div>
        </div>
        <div id="footer">
            <div id="footer01">
                <p> </p>
                <p>畅享汇——学生作品展示平台<br />
                业务专用邮箱:itsupply@163.com 联系电话: 010-00000000 <br />
```

Copyright ⓒ 2014 畅享汇 . All Right Reserved V1.0 </p>
      </div>
    </div>
  </div>
    </div>
    </form>
 </body>
</html>

3. 展示最新作品（见图 5-5）

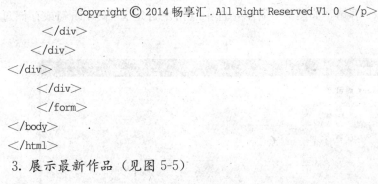

图 5-5 最新作品展示页面

1）配置 SqlDataSource

展示新作品计划使用 DataList 控件来显示信息，使用 SqlDataSource 作为数据源，所以需要先配置 SqlDataSource。

第 1 步：在工具箱中选择 SqlDataSource 控件，并将其命名为 "sdsNewWork"。

第 2 步：配置 SqlDataSource 控件。因为管理用户页面已经配置过，所以只需要选择已经配置好的数据连接 WorksConnectionString，如图 5-6 所示。

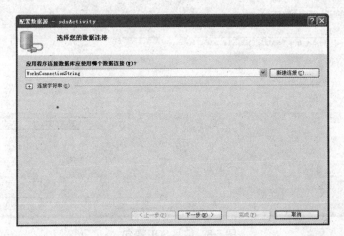

图 5-6 选择数据连接

第3步：配置 Select 语句。如图 5-7 所示，选中【指定自定义 SQL 语句或存储过程(S)】单选按钮。

图 5-7　配置 Select 语句

技术细节

配置 Select 语句，既可以直接选择表的字段，也可以编写 Select 语句。

第4步，单击【下一步】按钮，编写 SQL 语句 "select top 8 * from WorkInfo order by UploadTime desc"，如图 5-8 所示。

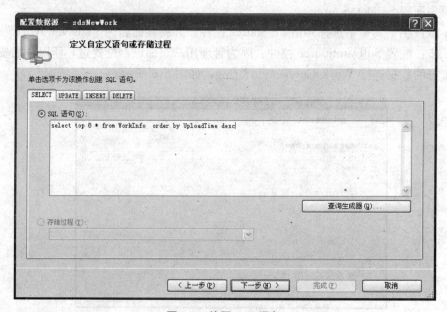

图 5-8　编写 SQL 语句

> **技术细节**
>
> top 8 表示只显示前 8 条记录，order by UploadTime desc 表示按照上传作品时间降序。这样，在主页面永远只显示最新上传的前 8 个作品。

第 5 步：单击【下一步】按钮，测试连接后，完成 SqlDataSource 控件配置。

2）添加 DataList 控件

第 1 步：在工具箱找到 DataList 控件，如图 5-9 所示。将 DataList 控件拖入页面，并将其 ID 设置为"dlstNewWork"。

第 2 步：单击 DataList 控件右侧的▷符号，在【DataList 任务】中，将数据源选择为"sdsNewWork"，如图 5-10 所示。

第 3 步：属性设置。如表 5-2 所示，设置 DataList 控件的两个重要属性。图 5-11 所示为设置效果。

表 5-2　DataList 控件属性

控件属性	属性设置	用途
RepeatDirection	Horizontal	设置布局方向为水平布局
RepeatColumns	4	设置布局列的数目为 4 个，即每个页面水平布局 4 个作品

图 5-9　添加 DataList 控件　　图 5-10　选择数据源　　图 5-11　设置属性

3）套用 CSS 样式

套用 CSS 样式后，代码如下所示：

```
<div class = "newwork">
    <asp:DataList ID = "dlstNewWork" runat = "server" RepeatDirection = "Horizontal" RepeatColumns = "4" DataSourceID = "sdsNewWork">
        <ItemTemplate>
            <div class = "newwork-main">
                <div class = "newwork-img"><a href = "Work.aspx?id = <%# Eval("WorkID") %>"><img src = "Upload/Works/<%# Eval("WorkPicture") %>" width = "210" height = "140" alt
```

```
                = ""></a></div>
                    <div class = "newwork-title"><a href = "Work.aspx?id = <%# Eval("WorkID") %
>"">作品:<%# Eval("WorkName") %></a></div>
                </div>
            </ItemTemplate>
        </asp:DataList>
        <asp:SqlDataSource ID = "sdsNewWork" runat = "server"
            ConnectionString = "<%$ ConnectionStrings:WorksConnectionString %>"
            SelectCommand = "select top 8 * from WorkInfo  order by UploadTime desc">
</asp:SqlDataSource>
    </div>"
```

> **技术细节**
>
> DataList 控件可以选择【编辑模板】来控制显示信息，但用 CSS+DIV 控制显示的格式更为方便。提早在 Dreamweaver 中编写好样式，然后直接套用即可。

4. 展示推荐作品（见图 5-12）

图 5-12　推荐作品展示页面

1) 配置 SqlDataSource

第 1 步：在工具箱中选择 SqlDataSource 控件，并将其命名为"sdsRecommend-Work"。

第 2 步：配置 SqlDataSource 控件。因为管理用户页面已经配置过，所以只需要选择已经配置好的数据连接 WorksConnectionString。

第 3 步：配置 Select 语句。如图 5-13 所示，选中【指定自定义 SQL 语句或存储过程(S)】单选按钮。

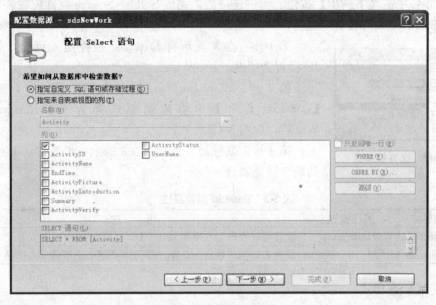

图 5-13　配置 Select 语句

第 4 步：单击【下一步】按钮，编写 SQL 语句"select top 6 * from WorkInfo order by RecommendTime desc"，如图 5-14 所示。

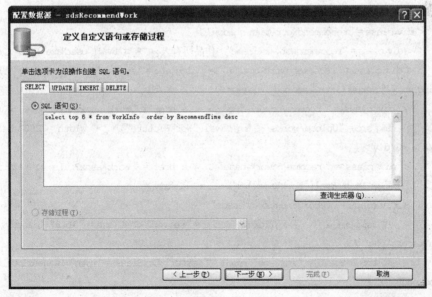

图 5-14　编写 SQL 语句

> **技术细节**
>
> top 6 表示只显示前 6 条记录，order by RecommendTim desc 表示按照推荐时间降序。这样，在主页面永远只显示最新推荐的前 6 个作品。

第 5 步：单击【下一步】按钮。测试连接后，完成 SqlDataSource 控件配置。

2）添加 DataList 控件

图 5-15　选择数据源

第 1 步：在工具箱将 DataList 控件拖入页面，并将其 ID 设置为 "dlstNewWork"。

第 2 步：单击 DataList 控件右侧的符号，然后在【DataList 任务】中将数据源选择为 "sdsRecommend-Work"，如图 5-15 所示。

第 3 步：属性设置。如表 5-3 所示，设置 DataList 控件的两个重要属性。

表 5-3　DataList 控件属性

控件属性	属性设置	用　　途
RepeatDirection	Horizontal	设置布局方向为水平布局
RepeatColumns	3	设置布局列的数目为 3 个，即每个页面水平布局 3 个作品

3）套用 CSS 样式

套用 CSS 样式后，代码如下所示：

```
<div class="recommendwork">
  <asp:DataList ID="dlstRecommendWork" runat="server" RepeatDirection="Horizontal" RepeatColumns="3" DataSourceID="sdsRecommendWork">
    <ItemTemplate>
      <div class="recommendwork-main shadow">
        <div class="recommendwork-username">作品所有人：<%# Eval("UserName") %></div>
        <div class="recommendwork-option"><img src="images/ibtnTicket.png" class="ibtn"><img src="images/ibtnGame.png" class="ibtn"></div>
        <div class="recommendwork-img"><a href="Work.aspx?id=<%# Eval("WorkID") %>"><img src="Upload/works/<%# Eval("WorkPicture") %>" width="200" height="200" /></a></div>
        <div class="recommendwork-name"><a href="Work.aspx?id=<%# Eval("WorkID") %>">作品：<%# Eval("WorkName") %></a></div>
        <div class="recommendwork-message">
          <asp:Image ID="imgTicket" runat="server" CssClass="ibtn" ImageUrl="~/images/ibtnDiscuss.png" />
          <asp:Image ID="imgGame" runat="server" CssClass="ibtn" ImageUrl="~/images/ibtnGood.png" />
        </div>
      </div>
    </ItemTemplate>
```

```
</asp:DataList>
<asp:SqlDataSource ID = "sdsRecommendWork" runat = "server"
        ConnectionString = "<%$ ConnectionStrings:WorksConnectionString %>"
        SelectCommand = "select top 6 * from WorkInfo order by RecommendTime desc"
></asp:SqlDataSource>
    </div>
```

5. 展示最新活动（见图 5-16）

图 5-16 最新活动展示页面

1）配置 SqlDataSource

第 1 步：在工具箱中选择 SqlDataSource 控件，并将其命名为"sdsActivity"。

第 2 步：配置 SqlDataSource 控件。因为管理用户页面已经配置过，所以只需要选择已经配置好的数据连接 WorksConnectionString。

第 3 步：配置 Select 语句。选中【指定自定义 SQL 语句或存储过程（S）】单选按钮。

第 4 步：单击【下一步】按钮，编写 SQL 语句"select top 2 * from Activity where ActivityVerify='审核通过' order by ActivityID desc"，如图 5-17 所示。

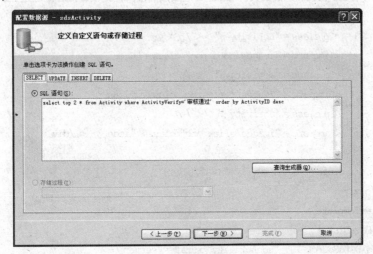

图 5-17 编写 SQL 语句

> 技术细节
>
> top 2 表示只显示前 2 条记录，order by ActivityID desc 表示按照活动 ID 降序。ID 越大，说明越后面上传。这样，在主页面永远只显示最新的前 2 个活动。

第 5 步：单击【下一步】按钮。测试连接后，完成 SqlDataSource 控件配置。

2）添加 DataList 控件

第 1 步：在工具箱将 DataList 控件拖入页面，并将其 ID 设置为 "dlstActivity"。

第 2 步：单击 DataList 控件右侧的▶符号，然后在【DataList 任务】中将数据源选择为 "sdsActivity"，如图 5-18 所示。

图 5-18　选择数据源

3）套用 CSS 样式

套用 CSS 样式后，代码如下所示：

```
<div class="activity">
  <asp:DataList ID="dlstActivity" runat="server" DataSourceID="sdsActivity">
    <ItemTemplate>
      <div class="activity-main clear">
        <div class="activity-img"><a href='Activity.aspx?id=<%# Eval("ActivityID")%>'><img src="Upload/Activity/<%# Eval("ActivityPicture")%>" width="190" height="120"></a></div>
        <div class="activity-top">
          <div class="activity-photo circle">
            <div class="activity-content"><%# Eval("Summary")%></div>
          </div>
          <div class="activity-title"><a href='Activity_ing.aspx?id=<%# Eval("ActivityID")%>'><%# Eval("activityName")%></a></div>
          <div class="activity-user">活动结束时间：<%# Eval("EndTime")%></div>
          <div class="activity-message">
            <p class="activity-p"></p>
            <img src="images/good.png" class="icon">
            <p class="activity-p"></p>
            <img src="images/reply.png" class="icon">
            <p class="activity-p"></p>
            <img src="images/click.png" class="icon"> </div>
        </div>
        <div class="activity-from"></div>
      </div>
    </ItemTemplate>
  </asp:DataList>
  <asp:SqlDataSource ID="sdsActivity" runat="server"
      ConnectionString="<%$ ConnectionStrings:WorksConnectionString %>"
```

SelectCommand="select top 2 * from Activity where ActivityVerify='审核通过' order by ActivityID desc"> </asp:SqlDataSource>

    </div>

6. 制作用户登录、注册等链接

一般情况下，首页至少给出链接，允许用户登录、注册等。本项目计划在主页右上角给出用户登录、注册等超链接，效果如图5-19所示。

图 5-19 登录链接

设计思路：添加两个Panel，第一个存放登录、注册、收藏本站，第二个存放用户名、退出、收藏本站。第二个Panel设置为隐藏；当登录成功后，第一个Panel设置为隐藏，显示第二个Panel。

页面代码如下所示：

```
<div id="header-right">
    <asp:Panel ID="pnlLogin" runat="server">
        <div class="login"><a href="Login.aspx">登录</a><a href="Register.aspx">|注册</a><a href="#">|收藏本站</a></div>
    </asp:Panel>
    <asp:Panel ID="pnlLoginOut" runat="server" Visible="false">
        <div class="login"><a href="UserCenter.aspx">
        <asp:Label ID="lblUserName" runat="server" Text="Label"></asp:Label>
        </a><a href="#">|退出</a> <a href="#">|收藏本站</a></div>
    </asp:Panel>
</div>
```

代码导读

（1）Visible="false" 表示Panel是隐藏的。
（2）UserCenter.aspx 为预留的用户中心页面，后面需要读者完成。

课堂拓展

（1）设计"退出"链接代码，完成退出当前登录的用户功能。
（2）设计"收藏本站"功能。

5.2.2 编写代码

主页面后台代码主要用于判断用户是否登录，前面展示最新作品等不需要编写后台代码。

```
using System;
using System.Data;
using System.Configuration;
using System.Collections;
```

```csharp
using System.Web;
using System.Web.Security;
using System.Web.UI;
using System.Web.UI.WebControls;
using System.Web.UI.WebControls.WebParts;
using System.Web.UI.HtmlControls;

namespace Works.Web
{
    public partial class Default : System.Web.UI.Page
    {
        BLL.UserInfo userinfo = new BLL.UserInfo();//示例化BLL
        protected void Page_Load(object sender, EventArgs e)
        {
            if(!IsPostBack)
            {
                initLogin();
            }
        }
        public void initLogin()//初始化用户登录
        {
            if(Session["username"]! = null)//判断用户是否登录
            {
                Model.UserInfo model = userinfo.GetModel(Session["username"].ToString());
                lblUserName.Text = model.UserName;
                pnlLogin.Visible = false;
                pnlLoginOut.Visible = true;
            }
            else
            {
                pnlLogin.Visible = true;
                pnlLoginOut.Visible = false;
            }
        }
    }
}
```

代码导读

(1) BLL.UserInfo userinfo = new BLL.UserInfo(); //实例化BLL。

(2) initLogin()//编写的检查用户是否登录的方法。

(3) if（Session["username"]! = null) //判断用户是否登录。

(4) Model.UserInfo model = userinfo.GetModel（Session["username"].ToString()); //获取用户实体。

> **课堂拓展**
>
> （1）为主页面新增一个查询文本框，方便用户查找作品，并将查询结果显示在新页面。
> （2）改写 initLogin()方法。
> （3）实现 Banner 图片信息的管理。

5.3 用户管理模块设计

5.3.1 用户登录页面

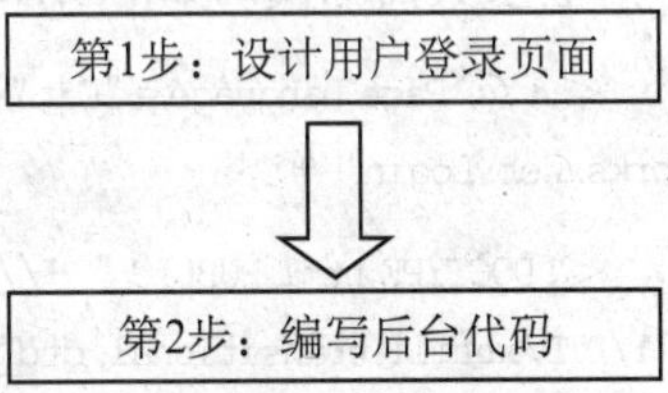

【总体目标】设计用户登录页面。
【技术要点】套用模板，添加页面控件。
【完成步骤】
如图 5-20 所示，设计用户登录页面分为两步。
第 1 步：设计用户登录页面，包括套用模板和添加页面控件两个部分。
第 2 步：编写后台代码，主要是编写登录按钮的单击事件。
用户登录页面的效果如图 5-21 所示。

图 5-20 设计步骤

图 5-21 用户登录页面

1．设计用户登录页面
1）套用模板
将 Login.html 中的代码复制到 Login.aspx 的相应位置。

2）添加页面控件

添加用户页面总共有2个文本框控件、1个图片按钮控件。表5-4列出了页面控件属性。

表5-4 控件属性

控件类型	控件ID	主要属性设置	用 途
TextBox	txtName	Text 设置为空	输入用户名
	txtPwd	TextMode 设置为 Password	输入用户密码
ImageButton	ibtnLogin	ImageUrl 设置为 images/signIn.png	图片按钮，用于制作美观的登录按钮

登录页面源代码如下所示：

```
<%@ Page Language="C#" AutoEventWireup="true" CodeBehind="Login.aspx.cs" Inherits="Works.Web.Login" %>

<!DOCTYPE html PUBLIC "-//W3C//DTD XHTML 1.0 Transitional//EN" "http://www.w3.org/TR/xhtml1/DTD/xhtml1-transitional.dtd">

<html xmlns="http://www.w3.org/1999/xhtml">
<head runat="server">
<meta http-equiv="Content-Type" content="text/html;charset=utf-8" />
<title>用户登录</title>
<link href="style/css.css" rel="stylesheet" type="text/css" />
<link href="style/login.css" rel="stylesheet" type="text/css" />
</head>
<body>
<form id="form1" runat="server">
  <div id="box">
    <div id="header">
      <div id="logo"><img src="images/logo.png" width="120" height="40" />|欢迎登录</div>
    </div>
    <div id="main">
      <div id="main-1">
        <div id="main-left"><img src="images/imglogin.jpg" width="477" height="350" /></div>
        <div id="main-right">
          <p> </p>
          <p> </p>
          <div class="txtName">
            <asp:TextBox ID="txtName" runat="server" CssClass="textBox"></asp:TextBox>
          </div>
          <p> </p>
          <div class="txtPwd">
```

```
            <asp:TextBox ID = "txtPwd" runat = "server" CssClass = "textBox" TextMode = "
Password"></asp:TextBox>
          </div>
          <p> </p>
          <div class = "login-logon clear">
            <div class = "ibtnLogin">
              <asp:ImageButton ID = "ibtnLogin" runat = "server" ImageUrl = "images/signIn.png"
OnClick = "ibtnLogin_Click"/>
            </div>
            <div class = "logon">记住我   |  <a href = "Register.aspx">马
上注册</a> </div>
          </div>
          <div class = "login-link">使用合作网站账号登录:
            <ul>
              <li><a href = "http://weibo.com/"></a></li>
              <li><a href = "http://www.qq.com/"></a></li>
              <li><a href = "http://www.taobao.com/"></a></li>
              <li><a href = "http://t.qq.com/"></a></li>
              <li><a href = "http://www.douban.com/"></a></li>
            </ul>
          </div>
        </div>
      </div>
      <div id = "footer">
        <div id = "footer01">
          <p> </p>
          <p>畅享汇——学生作品展示平台<br />
            业务专用邮箱:itsupply@163.com 联系电话: 010 - 00000000 <br />
            Copyright ? ⓒ 2014 畅享汇.All Right Reserved V1.0 </p>
        </div>
      </div>
    </div>
  </form>
</body>
</html>
```

2. 编写后台代码

```
using System;
using System.Collections.Generic;
using System.Linq;
using System.Web;
using System.Web.UI;
using System.Web.UI.WebControls;
```

```csharp
namespace Works.Web
{
    public partial class Login : System.Web.UI.Page
    {
        BLL.UserInfo userinfo = new BLL.UserInfo();//实例化BLL
        protected void Page_Load(object sender, EventArgs e)
        {

        }
        protected void ibtnLogin_Click(object sender, ImageClickEventArgs e)
        {
            string UserName = txtName.Text;
            string UserPassword = txtPwd.Text;
            Model.UserInfo model = userinfo.GetModel(UserName);//实例化Model
            if(model == null || model.Password != UserPassword)
            {
                this.Page.ClientScript.RegisterStartupScript(this.GetType(), "", "<script>alert('登录失败!');</script>");
            }
            else
            {
                Session["username"] = model.UserName;//设置Session
                this.Page.ClientScript.RegisterStartupScript(this.GetType(), "", "<script>alert('登录成功!');</script>");
                Response.Redirect("Default.aspx");//登录成功后跳转到主页面
            }
        }
    }
}
```

代码导读

（1）BLL.UserInfo userinfo = new BLL.UserInfo(); //实例化BLL。

（2）Model.UserInfo model = userinfo.GetModel(UserName); //实例化Model。

（3）if(model == null || model.Password != UserPassword) //判断是否能找到用户实体，或者密码是否正确。

（4）Session["username"] = model.UserName; //设置Session。

课堂拓展

（1）增加验证码登录功能。

（2）研究如何使用合作账号登录，并给出实施方案。

5.3.2 用户注册页面

【总体目标】设计用户注册页面。
【技术要点】套用模板、添加页面控件。
【完成步骤】
如图 5-22 所示,设计用户注册页面分为两步。
第 1 步:设计用户注册页面,包括套用模板和添加页面控件两个部分。
第 2 步:编写后台代码,主要是编写注册按钮的单击事件。

图 5-22 设计步骤

用户注册页面的效果如图 5-23 所示。

图 5-23 用户注册页面

1. 设计用户注册页面
1) 套用模板
将 Register.html 中的代码复制到 Register.aspx 的相应位置。
2) 添加页面控件
添加用户页面总共有 4 个文本框控件和 1 个图片按钮控件。表 5-5 列出了页面控件属性。

表 5-5 控件属性

控件类型	控件 ID	主要属性设置	用 途
TextBox	txtName	Text 设置为空	输入用户名
	txtPwd	TextMode 设置为 Password	输入用户密码
	txtQQ	Text 设置为空	输入用户 QQ
	txtEmail	Text 设置为空	输入用户 Email
ImageButton	ibtnRegister	ImageUrl 设置为 images/register.png	图片按钮,用于制作美观的注册按钮

技术细节

为每个文本框制作背景图片,将背景图片控制代码放在文本框的 DIV 中。

用户注册页面源代码如下所示:

```
<%@ Page Language="C#" AutoEventWireup="true" CodeBehind="Register.aspx.cs" Inherits="Works.Web.Register" %>

<!DOCTYPE html PUBLIC "-//W3C//DTD XHTML 1.0 Transitional//EN" "http://www.w3.org/TR/xhtml1/DTD/xhtml1-transitional.dtd">

<html xmlns="http://www.w3.org/1999/xhtml">
<head runat="server">
<meta http-equiv="Content-Type" content="text/html;charset=utf-8" />
<title>用户注册</title>
<link href="style/css.css" rel="stylesheet" type="text/css" />
<link href="style/register.css" rel="stylesheet" type="text/css" />
</head>
<body>
    <form id="form1" runat="server">
<div id="box">
<div id="header">
    <div id="logo"><img src="images/logo.png" width="120" height="40" />|欢迎注册</div>
</div>
<div id="main">
    <div id="main-1">
        <div id="main-left"><img src="images/imgregister.jpg" width="477" height="350" /></div>
        <div id="main-right">
           <p> </p>
           <p> </p>
           <div class="txtName">
              <asp:TextBox ID="txtName" runat="server" CssClass="textBox"></asp:TextBox>
           </div>
           <p> </p>
           <div class="txtPwd">
              <asp:TextBox ID="txtPwd" runat="server" CssClass="textBox" TextMode="Password"></asp:TextBox>
           </div>
           <div class="txtQQ">
              <asp:TextBox ID="txtQQ" runat="server" CssClass="textBox"></asp:TextBox>
           </div>
           <div class="txtEmail">
              <asp:TextBox ID="txtEmail" runat="server" CssClass="textBox"></asp:TextBox>
           </div>
```

```html
        <p> </p>
        <div class="login-logon clear">
          <div class="ibtnRegister">
            <asp:ImageButton ID="ibtnRegister" runat="server" ImageUrl="images/register.png" OnClick="ibtnRegister_Click"/>
          </div>
        </div>
      </div>
    </div>
    <div id="footer">
      <div id="footer01">
        <p> </p>
        <p>畅享汇——学生作品展示平台<br />
业务专用邮箱:itsupply@163.com 联系电话:010-00000000 <br />
Copyright ? © 2014 畅享汇 . All Right Reserved V1.0 </p>
      </div>
    </div>
  </div>
  </form>
</body>
</html>
```

2. 编写后台代码

```csharp
using System;
using System.Collections.Generic;
using System.Linq;
using System.Web;
using System.Web.UI;
using System.Web.UI.WebControls;

namespace Works.Web
{
    public partial class Register : System.Web.UI.Page
    {
        protected void Page_Load(object sender, EventArgs e)
        {

        }
        protected void ibtnRegister_Click(object sender, ImageClickEventArgs e)
        {
            string name = txtName.Text;
            string password = txtPwd.Text;
            string qq = txtQQ.Text;
            string email = txtEmail.Text;
```

```csharp
            BLL.UserInfo userinfo = new BLL.UserInfo();//实例化 BLL
            Model.UserInfo model = new Model.UserInfo();//实例化 Model
            model.UserName = name;
            model.Password = password;
            model.QQ = qq;
            model.Email = email;
            model.Type = "会员";
            model.UserImg = "";
            if(userinfo.Add(model) == true)//注册用户信息
            {
                Session["username"] = model.UserName;//设置 Session
                this.Page.ClientScript.RegisterStartupScript(this.GetType(), "", "<script>alert('注册成功!');</script>");
                Response.Redirect("Default.aspx");//注册成功后跳转到主页面
            }
    else
            {
                this.Page.ClientScript.RegisterStartupScript(this.GetType(), "", "<script>alert('注册失败!');</script>");
                Response.Redirect("Register.aspx");//注册失败后继续跳转到注册页面
            }
        }
    }
}
```

代码导读

（1）BLL.UserInfo userinfo = new BLL.UserInfo(); //实例化 BLL。

（2）Model.UserInfo model = new Model.UserInfo(); //实例化 Model。

（3）if（userinfo.Add（model）== true）//判断是否注册用户成功。

（4）Session["username"]= model.UserName；//设置 Session。

课堂拓展

（1）对注册的信息进行规范检测。

（2）要求注册的用户名不得重复，完善代码。

（3）制作一个用户中心页面，显示个人基本信息、用户作品信息、发布的活动信息以及评论信息。

（4）在数据库设计时预留 UserImg 字段，用于输入用户头像。设计新页面，方便用户上传头像。

5.4 设计作品展示模块

用户上传作品后,作品需要展现出来让人浏览。一种是单个作品展示页面,另一种是多个作品列表页面,称之为作品汇。当用户注册后,还可以发布作品,并将其归纳在作品展示模块之中。

5.4.1 作品展示页面

【总体目标】设计作品展示页面。
【技术要点】套用模板,页面传值,配置 SqlDataSource。
【完成步骤】
如图 5-24 所示,设计作品展示页面分为两步。
第 1 步:设计作品展示页面包括展示作品、添加评论和显示评论。
第 2 步:编写后台代码,主要是编写作品展示代码和添加评论按钮代码。
作品展示页面的效果如图 5-25 所示。

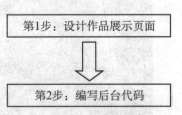

图 5-24 设计步骤

图 5-25 作品展示页面

1. 设计展示作品页面

作品图片展示页面如图5-26所示。

图5-26 图片展示页面

1) 套用模板

将Work.html中的代码复制到Work.aspx的相应位置。

2) 显示作品

作品主要从主页面传值过来。

显示作品信息页面的源代码如下所示：

```
<div id="main1">
    <div id="work">作品名称:<%=workname%>  所属人:<%=username%></div>
    <div id="main-1">
        <div id="main-1-1"><%=workintroduction%></div>
    </div>
</div>
```

3) 编写代码

```
public string workintroduction = "";
public string workname = "";
public string username = "";
protected void Page_Load(object sender, EventArgs e)
{
    //判断是否有传值
    if(Request["id"]==null)
    {
```

```
            Response.Write("<script>alert('不能从该页面进入,正在返回首页');window.location.href
= 'Default.aspx';</script>");
            return;
        }
        int id = int.Parse(Request["id"].ToString());
        //图片展示
        BLL.WorkInfo workinfo = new BLL.WorkInfo();//实例化 BLL
        Model.WorkInfo model = workinfo.GetModel(id);//根据作品编号获取作品实体
        workintroduction = "<p>" + model.WorkIntroduction + "</p>";
        workname = model.WorkName;
        username = model.UserName;
    }
```

代码导读

(1) public string workintroduction = ""; //定义一个接收作品介绍的公共变量，不能为私有，否则页面无法获取其值。

(2) public string workname = ""; //定义一个接收作品名的公共变量。

(3) public string username = ""; //定义一个接收作品所有者的公共变量。

(4) if (Request["id"]==null) //判断是否有传值过来。

(5) int id = int.Parse (Request["id"].ToString()); //接收传值。

(6) BLL.WorkInfo workinfo = new BLL.WorkInfo(); //实例化 BLL。

(7) Model.WorkInfo model = workinfo.GetModel(id); //根据作品编号获取作品实体。

2. 添加评论

1) 设计页面

添加评论的页面如图 5-27 所示。

图 5-27　添加评论页面

添加评论信息页面的源代码如下所示：

```
<div id="main2-1">
    <div id="main2-1-1"><a href="Login.aspx">登录</a> | <a href="Register.aspx">注册</a></div>
    <div id="main2-1-2">
        <asp:TextBox ID="txtComment" runat="server" Width="960px" BorderColor="#CCCCCC"
         BorderStyle="Solid" BorderWidth="1px" Height="50px" Rows="3"
```

```
            TextMode = "MultiLine"></asp:TextBox>
        <div id = "comment"> <asp:ImageButton ID = "ibtnComment" runat = "server"
            ImageUrl = "images/comment.jpg" onclick = "ibtnComment_Click" /></div>
    </div>
</div>
```

2) 编写代码

```
protected void ibtnComment_Click(object sender, ImageClickEventArgs e)
{
    if(Session["username"] = = null)
    {
        this.Page.ClientScript.RegisterStartupScript(this.GetType(), "", "<script>alert('请先登录!');</script>");
    }
    else
    {
        int id = int.Parse(Request["id"].ToString());
        BLL.Comment comment = new BLL.Comment();//实例化 BLL
        string commentcontent = txtComment.Text;
        Model.Comment model = new Model.Comment();//实例化 Model
        model.WorkID = id;
        model.WorkName = workname;
        model.UserName = username;
        model.CommentContent = commentcontent;
        model.CommentTime = DateTime.Now;//以当前系统时间为评论时间
        if(comment.Add(model)> 0)
        {
            Response.Write("<script>alert('发布成功');window.location.href = window.location.href;</script>");
        }
    }
}
```

代码导读

(1) if (Session["username"]= = null) //判断用户是否登录。

(2) int id = int.Parse (Request["id"].ToString()); //接收需要评论的作品编号。

(3) BLL.Comment comment = new BLL.Comment(); //实例化 BLL。

(4) Model.Comment model = new Model.Comment(); //实例化 Model。

(5) if (comment.Add (model) > 0) //判断是否成功发表评论。

3. 显示评论

显示评论的页面如图 5-28 所示。

图 5-28 显示评论页面

1) 配置 SqlDataSource

第 1 步：在工具箱中选择 SqlDataSource 控件，并将其命名为"sdsComment"。

第 2 步：配置 SqlDataSource 控件。因为管理用户页面已经配置过，所以只需要选择已经配置好的数据连接 WorksConnectionString。

第 3 步：配置 Select 语句。如图 5-29 所示，选中【指定自定义 SQL 语句或存储过程(S)】单选按钮。

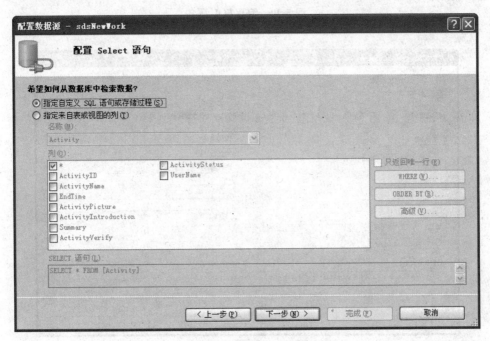

图 5-29 配置 Select 语句

第 4 步：单击【下一步】按钮，编写 SQL 语句"select top 6 * from Comment where（[WorkID] = @workid) order by CommentID desc"，如图 5-30 所示。

技术细节

作品评论部分只展示最新的 6 条评论。

第 5 步：单击【下一步】按钮，将【参数源】选择为"QueryString"，在【QueryStringField】文本框输入"id"，如图 5-31 所示。

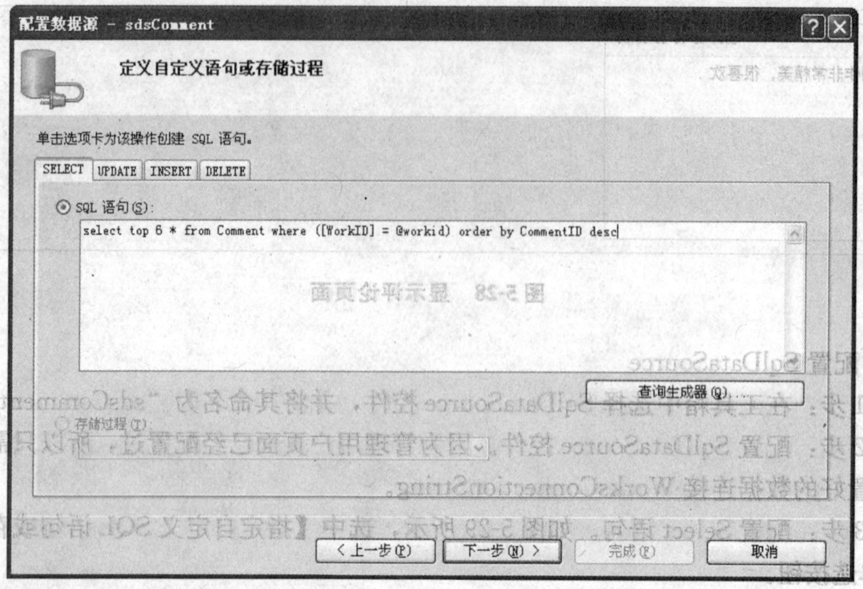

图 5-30　编写 SQL 语句

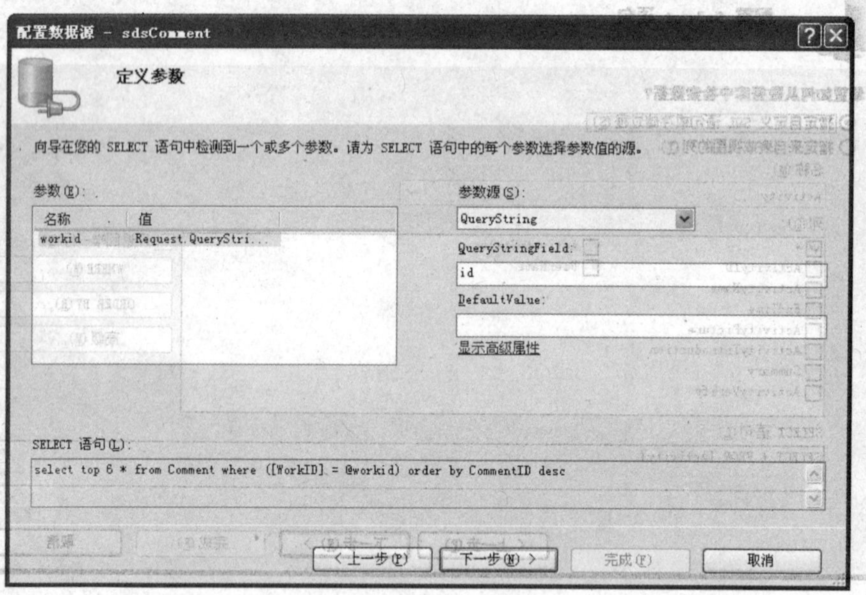

图 5-31　定义参数

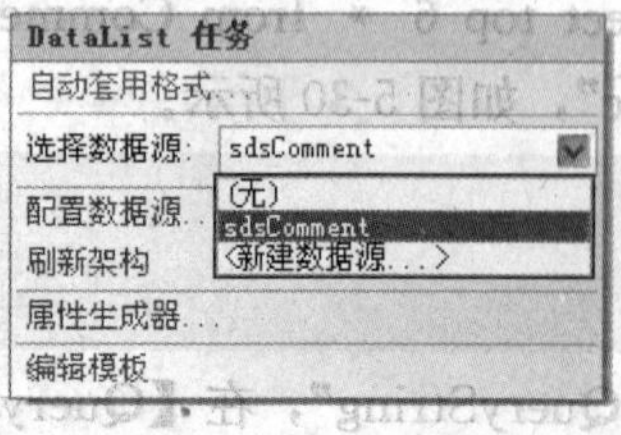

图 5-32　选择数据源

第 6 步：单击【下一步】按钮。测试连接后，完成 SqlDataSource 控件配置。

2）添加 DataList 控件

第 1 步：在工具箱将 DataList 控件拖入页面，并将其 ID 设置为 "dlstNewWork"。

第 2 步：单击 DataList 控件右侧的符号，然后在

【DataList 任务】中将数据源选择为 "sdsComment"，如图 5-32 所示。

第 3 步：属性设置。如表 5-6 所示，设置 DataList 控件的几个重要属性。

表 5-6 DataList 控件属性

控件属性	属性设置	用途
RepeatDirection	Horizontal	设置布局方向为水平布局
RepeatColumns	3	设置布局列的数目为 3 个，即每个页面水平布局 3 个作品
CellSpacing	2	设置单元格之间的间距
BorderStyle	None	设置边框的样式

3）套用 CSS 样式

套用 CSS 样式后，代码如下所示：

```
<div id="main2-2">
    <asp:DataList ID="dlstComment" runat="server"
                  RepeatColumns="3" BorderStyle="None"
                  CellSpacing="2" Width="100%"
                  DataSourceID="sdsComment" RepeatDirection="Horizontal">
        <ItemTemplate>
            <div id="comment">
                <div id="comment-out">
                    <div id="comment-username"><%#Eval("UserName")%></div>
                    <div id="comment-time"><%#Eval("CommentTime")%></div>
                </div>
                <div id="comment-content"><%#Eval("CommentContent")%></div>
            </div>
        </ItemTemplate>
    </asp:DataList>
    <asp:SqlDataSource ID="sdsComment" runat="server" ConnectionString="<%$ ConnectionStrings:WorksConnectionString %>"
        SelectCommand="select top 6 * from Comment where([WorkID]=@workid)order by CommentID desc">
        <SelectParameters>
            <asp:QueryStringParameter Name="workid" QueryStringField="id" />
        </SelectParameters>
    </asp:SqlDataSource>
</div>
```

【课堂拓展】

（1）若发布评论是添加表情，页面将如何设计？

（2）重新设计评论的展现形式。模仿门户网站评论的展现方式，要求加入分页按钮。

5.4.2 作品汇页面

【总体目标】设计作品汇页面。

【技术要点】添加 DataList 控件，使用分页控件，编写 DataList 控件数据绑定函数。

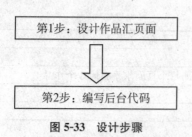

图 5-33 设计步骤

【完成步骤】
如图 5-33 所示，设计作品汇页面分为两步。
第 1 步：设计作品汇页面，包括添加 DataList 控件、采用 CSS 样式进行布局、添加分页控件。
第 2 步：编写后台代码，主要是编写 DataList 控件数据绑定函数和分页控件代码。

作品汇页面的效果如图 5-34 所示。

图 5-34 作品汇页面

1. 设计作品汇页面

在作品汇页面显示作品使用 DataList 控件，因为要实现分页，将不再绑定 SqlDataSource 控件。

1）套用模板

将 WorkList.html 中的代码复制到 WorkList.aspx 的相应位置。

2）添加 DataList 控件

第 1 步：在工具箱将 DataList 控件拖入页面，并将其 ID 设置为"dlstNewWork"。

第 2 步：属性设置。如表 5-7 所示，设置 DataList 控件的几个重要属性。

表 5-7 DataList 控件属性

控件属性	属性设置	用　　途
RepeatDirection	Horizontal	设置布局方向为水平布局
RepeatColumns	3	设置布局列的数目为 3 个，即每个页面水平布局 3 个作品

3) 采用 CSS 样式进行布局

套用 CSS 样式后，代码如下所示：

```
<div id="main1">
    <asp:DataList ID="dlstWork" runat="server" RepeatColumns="3" Width="100%">
        <ItemTemplate>
            <div>
                <div style=" "><a href='Work.aspx?ID=<%#Eval("WorkID")%>' class="ambitios_picture ambitios_fleft ambitios_lightbox_image"><img src="Upload/Works/<%#Eval("WorkPicture")%>" style="width:284px;margin-bottom:100px;height:158px;"/></a>

                <div style=" position:relative;top:-95px;left:15px;"><a style=" font-size:18px;color:#000;text-decoration:none;"><%#Eval("WorkName")%></a><br/>
                    <a style=" font-size:14px;color:#666;text-decoration:none;margin-left:1.8px;position:relative;top:5px;"><%#Eval("UploadTime")%></a><br/>
                    <a style=" font-size:14px;color:#666;text-decoration:none;margin-left:1.8px;position:relative;top:18px;left:190px;">来自<%#Eval("UserName")%></a>
                </div>
            </div>
        </div>
        </ItemTemplate>
    </asp:DataList>
</div>
```

4) 添加分页控件

当作品过多时，一个页面不能全部显示，需要分页。需要设计 LinkButton 控件用于不同分页间跳转，源代码如下所示：

```
<div id="main2">当前为第
    <asp:Label ID="LabelCurrentPage" runat="server" Text="1" ForeColor="Red"></asp:Label>
页 
总共有
    <asp:Label ID="LabelTotalPage" runat="server" ForeColor="Red"></asp:Label>
页 
    <asp:LinkButton ID="lkbtnFirstPage" runat="server" OnClick="lkbtnFirstPage_Click" ForeColor="#0099FF">首页</asp:LinkButton>
```

第 2 步：属性设置。如表 5-7 所示，设置 DataList 控件的几个重要属性。

```
 
<asp:LinkButton ID = "lkbtnPreview" runat = "server" OnClick = "lkbtnPreview_Click"
        ForeColor = "#0099FF">上一页</asp:LinkButton>
 
<asp:LinkButton ID = "lkbtnNext" runat = "server" OnClick = "lkbtnNext_Click"
        ForeColor = "#0099FF">下一页</asp:LinkButton>
 
<asp:LinkButton ID = "lkbtnLastPage" runat = "server" OnClick = "lkbtnLastPage_Click"
        ForeColor = "#0099FF">尾页</asp:LinkButton>
<asp:TextBox ID = "txtSkip" runat = "server" Width = "30px"></asp:TextBox>
<asp:LinkButton ID = "lkbtnSkip" runat = "server" OnClick = "lkbtnSkip_Click"
        ForeColor = "#0099FF">跳转</asp:LinkButton>
 
<asp:Label ID = "LabelNotice" runat = "server" ForeColor = "Gray"></asp:Label>
```

2. 编写后台代码

```
using System;
using System.Collections.Generic;
using System.Linq;
using System.Web;
using System.Web.UI;
using System.Web.UI.WebControls;

namespace Works.Web
{
    public partial class WorkList : System.Web.UI.Page
    {
        BLL.WorkInfo workinfo = new BLL.WorkInfo();//实例化 BLL
        protected void Page_Load(object sender, EventArgs e)
        {
            if(!IsPostBack)
            {
                DataListBind();
            }
        }
        //DataList 控件数据绑定函数
        private void DataListBind()
        {
            string mySql = string.Empty;
            //定义当前页
            int currentPage = Convert.ToInt32(this.LabelCurrentPage.Text.ToString());
            mySql = "1 = 1 order by WorkID desc ";//给出查询条件
            PagedDataSource myPds = newPagedDataSource();
```

```
//将内存容器中的查询数据绑定到数据控件中
myPds.DataSource = workinfo.GetList(mySql).Tables[0].DefaultView;
//定义数据控件可以分页
myPds.AllowPaging = true;
////定义每页显示的记录数
myPds.PageSize = 6;//设定每页显示的记录数
////定义当前显示页
LabelTotalPage.Text = myPds.PageCount.ToString();
myPds.CurrentPageIndex = currentPage - 1;
////激活页面的分页控件按钮
this.lkbtnFirstPage.Enabled = true;
this.lkbtnPreview.Enabled = true;
this.lkbtnNext.Enabled = true;
this.lkbtnLastPage.Enabled = true;
////格局当前显示页,分别激活不同的分页控件按钮
if(currentPage = = 1)//首页
{
    this.lkbtnFirstPage.Enabled = false;
    this.lkbtnPreview.Enabled = false;
}
if(currentPage = = myPds.PageCount)//尾页
{
    this.lkbtnNext.Enabled = false;
    this.lkbtnLastPage.Enabled = false;
}
//绑定到 DataList 数据控件
dlstWork.DataSource = myPds;//定义数据源
//  DataList2.DataSource = works1.GetList().Tables[0];//定义数据源
dlstWork.DataBind();//执行数据绑定
}
//首页
protected void lkbtnFirstPage_Click(object sender, EventArgs e)
{
    this.LabelCurrentPage.Text = "1";
    this.txtSkip.Text = "1";
    DataListBind();
}
//上一页
protected void lkbtnPreview_Click(object sender, EventArgs e)
{
    this.LabelCurrentPage.Text = Convert.ToString(Convert.ToInt32(this.LabelCurrentPage.Text) - 1);
    this.txtSkip.Text = this.LabelCurrentPage.Text;
```

```
            DataListBind();
        }
        //下一页
        protected void lkbtnNext_Click(object sender, EventArgs e)
        {
            this.LabelCurrentPage.Text = Convert.ToString(Convert.ToInt32(this.LabelCurrentPage.Text) + 1);
            this.txtSkip.Text = this.LabelCurrentPage.Text;
            DataListBind();
        }
        //尾页
        protected void lkbtnLastPage_Click(object sender, EventArgs e)
        {
            this.LabelCurrentPage.Text = Convert.ToString(Convert.ToInt32(this.LabelTotalPage.Text));
            this.txtSkip.Text = this.LabelCurrentPage.Text;
            DataListBind();
        }
        //跳转
        protected void lkbtnSkip_Click(object sender, EventArgs e)
        {
            if(Convert.ToInt32(this.txtSkip.Text.ToString()) > Convert.ToInt32(LabelTotalPage.Text.ToString()))
            {
                LabelNotice.Text = "超过页数范围!";
            }
            else
            {
                LabelCurrentPage.Text = txtSkip.Text.ToString();
                DataListBind();
            }
        }
    }
}
```

代码导读

（1）DataListBind()//编写 DataList 控件绑定数据的方法。

（2）mySql = " 1=1 order by WorkID desc ";//给出查询的条件。因为 GetList()方法已经写到 where，为不报错，写"1=1"，保证语句正常执行。

（3）myPds.DataSource=workinfo.GetList(mySql).Tables[0].DefaultView；//将内存容器中的查询数据绑定到数据控件中。

> 课堂拓展
> （1）使用 Repeater 控件代替 DataList 控件，重新设置展现形式。
> （2）从网络上查找一种更美观的分页样式，尝试替代本项目的分页。

5.4.3 作品发布页面

【总体目标】设计作品发布页面。

【技术要点】套用模板，页面传值，配置 SqlDataSource。

【完成步骤】

如图 5-35 所示，设计作品发布页面分为两步。

第 1 步：设计作品发布页面，包括套用模板、引入 UEditor 控件、添加页面控件。

第 2 步：编写后台代码，主要是编写发布按钮的单击事件。

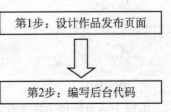

图 5-35 设计步骤

作品发布页面的效果如图 5-36 所示。

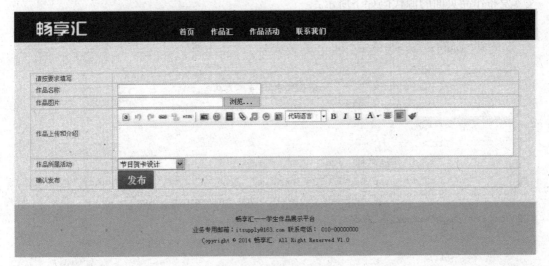

图 5-36 作品发布页面

1. 设计作品发布页面

1) 套用模板

将 UploadWork.html 中的代码复制到 UploadWork.aspx 的相应位置。

2) 引入 UEditor 控件

在页面头部需要引入 UEditor，代码如下所示：

```
<link href="style/css.css" rel="stylesheet" type="text/css" />
<link href="style/uploadwork.css" rel="stylesheet" type="text/css" />
<link href="ueditor/themes/iframe.css" rel="stylesheet" type="text/css" />
<link href="ueditor/themes/default/css/ueditor.css" rel="stylesheet" type="text/css" />
<script src="ueditor/ueditor.config.js" type="text/javascript"></script>
```

```
<script src = "ueditor/ueditor.all.min.js" type = "text/javascript"></script>
<script src = "ueditor/lang/zh-cn/zh-cn.js" type = "text/javascript"></script>
<script type = "text/javascript">
    var editor = new UE.ui.Editor();
    editor.render("editor");
    editor.ready(function(){
    }
        editor.setContent("");
    })
</script>
```

> **注意**
>
> 可以参考第4章"发布活动引入UEditor控件"的代码导读。

3）发布作品

类似于后台管理中发布作品页面，需要添加页面控件，这里不详细阐述，具体内容请参考第4章的发布作品部分。

发布作品页面的源代码如下所示：

```
<div id = "main2">
    <table class = "tbform">
        <tr>
            <td width = "17%">请按要求填写</td>
            <td width = "83%"></td>
        </tr>
        <tr>
            <td>作品名称</td>
            <td><asp:TextBox ID = "txtName"  runat =\"server" BorderColor = "#99CCFF"
                BorderStyle = "Solid" BorderWidth = "1px" Height = "20px" Width = "278px"></asp:TextBox></td>
        </tr>
        <tr>
            <td>作品图片</td>
            <td><asp:FileUpload ID = "fupPicture" runat = "server" BorderColor = "#99CCFF"
                BorderStyle = "Solid" BorderWidth = "1px" Height = "20px" Width = "278px"/></td>
        </tr>
        <tr>
            <td>作品上传和介绍</td>
            <td><script type = "text/plain" id = "editor"></script></td>
        </tr>
        <tr>
            <td>作品所属活动</td>
            <td><asp:DropDownList ID = "dropActivity" runat = "server"
                DataSourceID = "sdsActivity" DataTextField = "ActivityName"
```

```
                    DataValueField="ActivityName"></asp:DropDownList>
            <asp:SqlDataSource ID="sdsActivity" runat="server"
                ConnectionString="<%$ ConnectionStrings:WorksConnectionString%>"
                SelectCommand="SELECT [ActivityName] FROM [Activity]"></asp:SqlDataSource></td>
        </tr>
        <tr>
            <td>确认发布</td>
            <td><asp:ImageButton ID="ibtnAdd" runat="server" ImageUrl="images/Add.png" OnClick="ibtnAdd_Click"/></td>
        </tr>
    </table>
</div>
```

2. 编写后台代码

```csharp
using System;
using System.Collections.Generic;
using System.Linq;
using System.Web;
using System.Web.UI;
using System.Web.UI.WebControls;

namespace Works.Web
{
    public partial class UploadWork : System.Web.UI.Page
    {
        protected void Page_Load(object sender, EventArgs e)
        {
        }
        protected void ibtnAdd_Click(object sender, ImageClickEventArgs e)
        {
            string path = MapPath("Upload/Works") + "/";//设置图片存储的路径
            string picturename = Guid.NewGuid().ToString() + ".png";//设置图片的名称
            fupPicture.SaveAs(path + picturename);
            BLL.WorkInfo workinfo = new BLL.WorkInfo();//实例化BLL
            Model.WorkInfo model = new Model.WorkInfo();//实例化Model
            model.WorkName = txtName.Text;
            model.UserName = Session["username"].ToString();
            model.WorkIntroduction = Request["editorValue"];
            model.WorkPicture = picturename;
            model.UploadTime = DateTime.Now;
            model.ActivityName = dropActivity.SelectedValue;
            if(workinfo.Add(model)>0)//判断发布作品是否成功
```

```
            {
                this.Page.ClientScript.RegisterStartupScript(this.GetType(), "", "<script>alert('发布成功!');</script>");
                Response.Redirect("Default.aspx");//发布成功后跳转到主页面
            }
            else
            {
                this.Page.ClientScript.RegisterStartupScript(this.GetType(), "", "<script>alert('发布失败!');</script>");
                Response.Redirect("ActivityList.aspx");//发布失败后跳转到活动页面
            }
        }
    }
}
```

代码导读

(1) fupPicture.SaveAs(path+picturename);//存储图片为指定的路径和名称。
(2) BLL.WorkInfo workinfo = new BLL.WorkInfo();//实例化 BLL。
(3) Model.WorkInfo model = new Model.WorkInfo();//实例化 Model。
(4) model.WorkIntroduction = Request["editorValue"];//获取 UEditor 插件中作品介绍的内容。
(5) model.ActivityName = dropActivity.SelectedValue;//获取当前被选中的活动名称。
(6) if(workinfo.Add(model)>0)//判断发布作品是否成功。

课堂拓展

(1) 对发布人进行检测。如果用户没有登录，则不允许发布。
(2) 对于已经结束的活动，不允许发布作品。代码如何修改？

5.5 活动展示模块设计

很少有程序是从头到尾逐行连续执行的。当程序中需要两个或两个以上选择时，可以使用条件语句判断要执行的语句段。C#提供两种选择语句：一种是条件语句，即 if 语句；另一种是开关语句，即 switch 语句。它们都可以实现多路分支，即从一系列可能的程序分支中选择要执行的语句。

5.5.1 活动展示页面

【总体目标】设计活动展示页面。

【技术要点】套用模板，页面传值。

【完成步骤】
如图 5-37 所示，设计活动展示页面分为两步。
第 1 步：设计活动展示页面，主要是套用模板。
第 2 步：编写后台代码，主要是编写页面加载事件。
活动展示页面的效果如图 5-38 所示。

图 5-37 设计步骤

图 5-38 活动展示页面

1. 设计活动展示页面

要显示具体的活动信息，应通过登录页面，直接提取活动信息，并将其显示出来，不需要使用其他控件。

将 Activity.html 中的代码复制到 Activity.aspx 的相应位置。套用 CSS 样式后，页面源代码如下所示：

```
<%@ Page Language="C#" AutoEventWireup="true" CodeBehind="Activity.aspx.cs" Inherits="Works.Web.Activity" %>

<!DOCTYPE html PUBLIC "-//W3C//DTD XHTML 1.0 Transitional//EN" "http://www.w3.org/TR/xhtml1/DTD/xhtml1-transitional.dtd">

<html xmlns="http://www.w3.org/1999/xhtml">
<head runat="server">
<meta http-equiv="Content-Type" content="text/html;charset=utf-8" />
<title>活动展示</title>
<link href="style/css.css" rel="stylesheet" type="text/css" />
<link href="style/activity.css" rel="stylesheet" type="text/css" />
</head>
<body>
<form id="form1" runat="server">
    <div id="box">
      <div id="header">
        <div id="headermain">
          <div id="logo"><img src="images/logo1.png" width="120" height="34" /></div>
          <div id="header-right">
            <div id="primary-nav">
              <ul id="menu-primary-menu" class="sf-menu">
                <li><a href="Default.aspx"><span>首页</span></a></li>
                <li><a href="WorkList.aspx" class="sf-with-ul">作品汇</a></li>
                <li><a href="ActivityList.aspx"><span>作品活动</span></a></li>
                <li><a href="#"><span>联系我们</span></a></li>
              </ul>
            </div>
          </div>
        </div>
      </div>
      <div id="main1">
        <div id="work">活动名称：<%=activityname %>  发布人：<%=username %></div>
        <div id="main1-1">
          <div id="main-1-1">
            <div id="main-1-1-1"><%=activityintroduction %></div>
          </div>
        </div>
      </div>
      <div id="footer">
        <div id="footer01">
          <p> </p>
          <p>畅享汇——学生作品展示平台<br />
```

```html
            业务专用邮箱：itsupply@163.com 联系电话：010-00000000 <br />
            Copyright © 2014 畅享汇 . All Right Reserved V1.0 </p>
              </div>
          </div>
      </div>
    </form>
  </body>
</html>
```

2. 编写代码

```csharp
using System;
using System.Collections.Generic;
using System.Linq;
using System.Web;
using System.Web.UI;
using System.Web.UI.WebControls;
namespace Works.Web
{
    public partial class Activity : System.Web.UI.Page
    {
        public string activityintroduction = "";
        public string activityname = "";
        public string username = "";
        protected void Page_Load(object sender, EventArgs e)
        {
            //判断是否有传值
            if(Request["id"] == null)
            {
                Response.Write("<script>alert('不能从该页面进入,正在返回首页');window.location.href='Default.aspx';</script>");
                return;
            }
            int id = int.Parse(Request["id"].ToString());
            //活动展示
            BLL.Activity activity = new BLL.Activity();//实例化 BLL
            Model.Activity model = activity.GetModel(id);//实例化 Model
            activityintroduction = "<p>" + model.ActivityIntroduction + "</p>";
            activityname = model.ActivityName;
            username = model.UserName;
        }
    }
}
```

代码导读

（1）public string activityintroduction = ""；//定义一个接收活动介绍的公共变量，不能为私有，否则页面无法获取其值。
（2）public string activityname = ""；//定义一个接收活动名称的公共变量。
（3）public string username = ""；//定义一个接收活动发布人的公共变量。
（4）if（Request ["id"] == null）//判断是否有传值过来。
（5）int id = int.Parse（Request ["id"].ToString()）；//接收传值
（6）BLL.Activity activity = new BLL.Activity()；//实例化 BLL。
（7）Model.Activity model = activity.GetModel(id)；//根据活动编号获取活动实体。

课堂拓展

修改活动展示页面，使其更美观。

5.5.2　作品活动页面

【总体目标】设计作品活动页面。
【技术要点】套用模板，页面传值，配置 SqlDataSource。

图 5-39　设计步骤

【完成步骤】

如图 5-39 所示，设计作品活动页面分为两步。

第 1 步：设计作品活动页面，包括添加 DataList 控件、采用 CSS 样式进行布局、添加分页控件。

第 2 步：编写后台代码，主要是编写 DataList 控件数据绑定函数和分页控件代码。

作品活动页面的效果如图 5-40 所示。

图 5-40　作品活动页面

1. 设计作品活动页面

显示作品活动使用 DataList 控件，因为要实现分页，将不再绑定 SqlDataSource 控件。

1）套用模板

将 ActivityList.html 中的代码复制到 ActivityList.aspx 的相应位置。

2）添加 DataList 控件

第 1 步：在工具箱将 DataList 控件拖入页面，并将其 ID 设置为 "dlstNewWork"。

第 2 步：属性设置。如表 5-8 所示，要设置 DataList 控件的几个重要属性。

表 5-8 DataList 控件属性

控件属性	属性设置	用 途
RepeatDirection	Horizontal	设置布局方向为水平布局
RepeatColumns	3	设置布局列的数目为 3 个，即每个页面水平布局 3 个作品

3）采用 CSS 样式进行布局

套用 CSS 样式后，代码如下所示：

```
<div id="main1">
    <asp:DataList ID="dlstActivity" runat="server" RepeatColumns="3" Width="100%">
        <ItemTemplate>
            <div>
                <div style=""><a href='Activity.aspx?id=<%# Eval("ActivityID")%>' class="ambitios_picture ambitios_fleft ambitios_lightbox_image"><img src="Upload/Activity/<%# Eval("ActivityPicture")%>" style="width: 284px;margin-bottom:100px;height: 158px;"/></a>
                    <div style=" position: relative; top: -95px; left:15px;"><a style=" font-size:18px;color: #000;text-decoration:none;    ">活动名称:<%# Eval("ActivityName")%></a><br />
                        <a style=" font-size:14px; color: #666;  text-decoration:none;margin-left:1.8px;position:relative;top:5px;   ">结束时间:<%# Eval("EndTime")%></a><br />
                        <a href='UploadWork.aspx' style=" font-size:14px;color: #0099FF;text-decoration:none;  margin-left:1.8px;position:relative;top:18px;left:190px;">>>参加活动</a>
                    </div>
                </div>
            </div>
        </ItemTemplate>
    </asp:DataList>
</div>
```

4）添加分页控件

当作品过多时，一个页面不能全部显示，需要分页。需要设计 LinkButton 控件用于不同分页间跳转，源代码如下所示：

```
<div id="main2">当前为第
    <asp:Label ID="LabelCurrentPage" runat="server" Text="1" ForeColor="Red">
```

```
</asp:Label>
    页  
    总共有
    <asp:Label ID = "LabelTotalPage" runat = "server" ForeColor = "Red"></asp:Label>
    页  
    <asp:LinkButton ID = "lkbtnFirstPage" runat = "server"
        OnClick = "lkbtnFirstPage_Click" ForeColor = "#0099FF">首页</asp:LinkButton>
     
    <asp:LinkButton ID = "lkbtnPreview" runat = "server" OnClick = "lkbtnPreview_Click"
        ForeColor = "#0099FF">上一页</asp:LinkButton>
     
    <asp:LinkButton ID = "lkbtnNext" runat = "server" OnClick = "lkbtnNext_Click"
        ForeColor = "#0099FF">下一页</asp:LinkButton>
     
     <asp:LinkButton ID = "lkbtnLastPage" runat = "server" OnClick = "lkbtnLastPage_Click"
        ForeColor = "#0099FF">尾页</asp:LinkButton>
    <asp:TextBox ID = "txtSkip" runat = "server" Width = "30px"></asp:TextBox>
    <asp:LinkButton ID = "lkbtnSkip" runat = "server" OnClick = "lkbtnSkip_Click"
        ForeColor = "#0099FF">跳转</asp:LinkButton>
     
    <asp:Label ID = "LabelNotice" runat = "server" ForeColor = "Gray"></asp:Label>
</div>
```

2. 编写代码

```csharp
using System;
using System.Collections.Generic;
using System.Linq;
using System.Web;
using System.Web.UI;
using System.Web.UI.WebControls;

namespace Works.Web
{
    public partial class ActivityList : System.Web.UI.Page
    {
        BLL.Activity activity = newBLL.Activity();
        protected void Page_Load(object sender, EventArgs e)
        {
            if(!IsPostBack)
            {
                DataListBind();
            }
        }
```

```csharp
//DataList 控件数据绑定函数
private void DataListBind()
    {
        string mySql = string.Empty;
        //定义当前页
        int currentPage = Convert.ToInt32(this.LabelCurrentPage.Text.ToString());
        mySql = "1 = 1 order by ActivityID desc ";//给出查询条件
        PagedDataSource myPds = newPagedDataSource();
        //将内存容器中的查询数据绑定到数据控件中
        myPds.DataSource = activity.GetList(mySql).Tables[0].DefaultView;
        //定义数据控件可以分页
        myPds.AllowPaging = true;
        ////定义每页显示的记录数
        myPds.PageSize = 6;//设定每页显示的记录数
        ////定义当前显示页
        LabelTotalPage.Text = myPds.PageCount.ToString();
        myPds.CurrentPageIndex = currentPage - 1;
        ////激活页面的分页控件按钮
        this.lkbtnFirstPage.Enabled = true;
        this.lkbtnPreview.Enabled = true;
        this.lkbtnNext.Enabled = true;
        this.lkbtnLastPage.Enabled = true;
        ////格局当前显示页,分别激活不同的分页控件按钮
        if(currentPage = = 1)//首页
        {
            this.lkbtnFirstPage.Enabled = false;
            this.lkbtnPreview.Enabled = false;
        }
        if(currentPage = = myPds.PageCount)//尾页
        {
            this.lkbtnNext.Enabled = false;
            this.lkbtnLastPage.Enabled = false;
        }
        //绑定到 DataList 数据控件
        dlstActivity.DataSource = myPds;//定义数据源
        //   DataList2.DataSource = works1.GetList().Tables[0];//定义数据源
        dlstActivity.DataBind();//执行数据绑定
    }
    //首页
    protected void lkbtnFirstPage_Click(object sender, EventArgs e)
    {
        this.LabelCurrentPage.Text = "1";
        this.txtSkip.Text = "1";
```

```csharp
        DataListBind();
    }
    //上一页
    protected void lkbtnPreview_Click(object sender, EventArgs e)
    {
        this.LabelCurrentPage.Text = Convert.ToString(Convert.ToInt32(this.LabelCurrentPage.Text) - 1);
        this.txtSkip.Text = this.LabelCurrentPage.Text;
        DataListBind();
    }
    //下一页
    protected void lkbtnNext_Click(object sender, EventArgs e)
    {
        this.LabelCurrentPage.Text = Convert.ToString(Convert.ToInt32(this.LabelCurrentPage.Text) + 1);
        this.txtSkip.Text = this.LabelCurrentPage.Text;
        DataListBind();
    }
    //尾页
    protected void lkbtnLastPage_Click(object sender, EventArgs e)
    {
        this.LabelCurrentPage.Text = Convert.ToString(Convert.ToInt32(this.LabelTotalPage.Text));
        this.txtSkip.Text = this.LabelCurrentPage.Text;
        DataListBind();
    }
    //跳转
    protected void lkbtnSkip_Click(object sender, EventArgs e)
    {
        if(Convert.ToInt32(this.txtSkip.Text.ToString()) > Convert.ToInt32(LabelTotalPage.Text.ToString()))
        {
            LabelNotice.Text = "超过页数范围!";
        }
        else
        {
            LabelCurrentPage.Text = txtSkip.Text.ToString();
            DataListBind();
        }
    }
    }
}
```

> **代码导读**
> （1）DataListBind() //编写 DataList 控件绑定数据的方法。
> （2）mySql = "1=1 order by ActivityID desc"; //给出查询的条件。因为 GetList() 方法已经写到 where，为不报错，写"1=1"，保证语句正常执行。
> （3）myPds.DataSource = activity.GetList(mySql).Tables[0].DefaultView; //将内存容器中的查询数据绑定到数据控件中。

> **课堂拓展**
> （1）当用户单击"参加活动"链接时，判断用户是否登录过。
> （2）为页面添加"正举行的活动"和"已经过期的活动"两个链接，并设计两个页面，分别显示正在举行的活动和已经过期的活动。

5.6 相关技术

跳转语句有 4 种：break 语句、continue 语句、return 语句和 goto 语句。由于 goto 语句可能干扰程序的正常执行流程，使程序陷入逻辑混乱，所以一般应限制使用。本节不详细阐述 goto 语句。

5.6.1 DataList 控件

DataList 控件用可自定义的格式显示各行数据库信息。显示数据的格式在创建的模板中定义。可以为项、交替项、选定项和编辑项创建模板。标头、脚注和分隔符模板也用于自定义 DataList 的整体外观。通过在模板中包括 Button Web 服务器控件，可将列表项连接到代码，这些代码允许用户在显示、选择和编辑模式之间切换。

DataList 控件以某种格式显示数据，这种格式可以使用模板和样式来定义。表 5-9 列出了 DataList 控件支持的模板。

表 5-9 DataList 控件模板

模　板	用　途
ItemTemplate	包含要为数据源中的每个数据项都呈现一次的 HTML 元素和控件
AlternatingItemTemplate	包含要为数据源中的每个数据项都呈现一次的 HTML 元素和控件。通常，可以使用此模板为交替项创建不同的外观，例如指定一种与在 ItemTemplate 中指定的颜色不同的背景色
SelectedItemTemplate	包含一些元素，当用户选择 DataList 控件中的某一项时，将呈现这些元素。通常，可以使用此模板来通过不同的背景色或字体颜色直观地区分选定的行；还可以通过显示数据源中的其他字段来展开该项
EditItemTemplate	指定当某项处于编辑模式中时的布局。此模板通常包含一些编辑控件，如 TextBox 控件
HeaderTemplate 和 FooterTemplate	包含在列表的开始和结束处分别呈现的文本和控件
SeparatorTemplate	包含在每项之间呈现的元素。典型的示例是一条直线（使用 hr 元素）

5.6.2 Repeater 控件

Repeater 控件是一个数据绑定容器控件,用于生成各个项的列表。Repeater 控件没有预先设置好的显示方式,即没有内置的布局或样式,必须通过控件的模板指定其布局或样式。

由于 Repeater 控件没有默认的外观,因此可以方便地使用 HTML 标记语言来设置外观,特别是配合 CSS 和 DIV,表现出很美观的样式。

若要使用 Repeater 控件,需要创建定义控件内容布局的模板。模板包含标记和控件的任意组合。如果未定义模板,或者如果模板都不包含元素,当应用程序运行时,该控件不显示在页上。表 5-10 列出了 Repeater 控件支持的模板。

表 5-10 Repeater 控件模板

模 板	用 途
ItemTemplate	包含要为数据源中每个数据项都呈现一次的 HTML 元素和控件
AlternatingItemTemplate	包含要为数据源中每个数据项都呈现一次的 HTML 元素和控件。通常,可以使用此模板为交替项创建不同的外观,例如指定一种与在 ItemTemplate 中指定的颜色不同的背景色
HeaderTemplate 和 FooterTemplate	包含在列表的开始和结束处分别呈现的文本和控件
SeparatorTemplate	包含在每项之间呈现的元素。典型的示例是一条直线(使用 hr 元素)

使用 Repeater 控件时,必须将 Repeater 控件绑定到数据源。最常用的数据源是数据源控件,如 SqlDataSource 或 ObjectDataSource 控件。或者,将 Repeater 控件绑定到任何实现 IEnumerable 接口的类,包括 ADO.NET 数据集(DataSet 类)、数据读取器(SqlDataReader 类或 OleDbDataReader 类)或大部分集合。

5.6.3 jQuery 介绍

jQuery 是继 Prototype 之后又一个优秀的 Javascript 框架。其宗旨是"write lesss, do more (写得更少,做得更多)"。jQuery 在 2006 年 1 月由美国人 John Resig 在纽约的 Barcamp 发布,吸引了来自世界各地的众多 JavaScript 高手加入。由 Dave Methvin 率领团队进行开发。如今,jQuery 成为最流行的 Javascript 框架。它是一个快捷的 Javascript 框架,使用户更方便地处理 HTML documents、events,实现动画效果,并且方便地为网站提供 AJAX 交互。

jQuery 使用户的 HTML 页面保持代码和 HTML 内容分离,也就是说,不用再在 HTML 里面插入一堆 js 来调用命令了,只需要定义 id 即可。

下面列举几个 jQuery 学习网站:

网站一:http://jquery.com/

网站二:http://www.jquery001.com/

网站三:http://www.learningjquery.com/

网站四:http://jqueryfordesigners.com/

 **本章小结**

本章介绍"畅享汇"项目的前台页面整体设计。通过设计项目的主页面、用户管理模块、作品展示模块、活动展示模块，展示整个网站项目。

本章技术要点为：

（1）DataList 控件的使用方法。
（2）页面布局。
（3）分页技术。

 实训指导

【实训目的要求】

1. 掌握页面布局的方法。
2. 掌握三层架构中数据操作的方法。
3. 熟练掌握 DataList 控件的使用方法。
4. 掌握 Repeater 控件的使用方法。
5. 熟练 SqlDataSource 的使用方法。

【实训内容】

题目一：对实战项目前台页面进行整体规划。
题目二：完成实战项目的前台页面。

第 6 章　项目发布与部署

本章知识目标

- 理解网站项目发布的意义
- 掌握网站项目部署的方法

本章能力目标

- 能够发布项目
- 能够配置数据库
- 能够配置 IIS

整个网站项目完成后，还需要整理项目文件，删除不需要的文件，然后发布项目，将其部署到服务器。

6.1　项目的整理与发布

【总体目标】完成项目发布。
【技术要点】删除多余文件，项目发布。
【完成步骤】
（1）项目整理。
（2）项目发布。

6.1.1　项目整理

在开发过程中，有许多多余的文件、图片等存放在项目文件中。因此，项目在发布前需要整理。下面列出几个需要整理的方面：
（1）多余的图片。
（2）不包含在项目中的文件。
（3）多余的页面。

6.1.2　项目发布

ASP.NET 项目完成后，就可以发布了。发布方式有两种，即原码发布和编译后发布。原码发布就是做完网站后,直接将网站的所有程序文件上传到网上空间中。本书讨论将项目编译后的发布。

项目发布步骤如下所述:

(1) 打开项目。

(2) 在【解决方案资源管理器】中选择【Web】项目,然后单击鼠标右键,在弹出的菜单中选择【发布】命令,或者在菜单【生成】下选择【发布 Web】命令,如图 6-1 所示。

(3) 在【发布 Web】窗体,选择【发布方法】为"文件系统",如图 6-2 所示。

(4) 单击【发布】按钮,进一步设置发布位置,如图 6-3 所示。

(5) 单击【发布】按钮,完成项目发布。

在发布过程中可能还会出现错误,需要逐个排除。

技术细节

发布过程中的错误一般出现在项目中的文件或图片,但经常找不到它们。如果是不需要的文件或图片,将其直接排除出项目。

图 6-1 发布网站

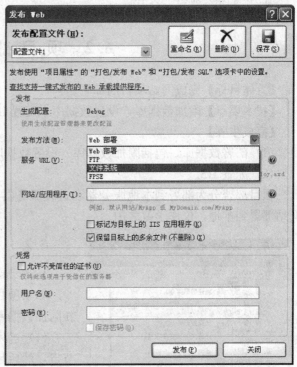

图 6-2 选择发布方法

项目发布后,若有一部分文件,如存放图片的文件夹,没有发布过去,直接从源文件复制过去即可,包括 UEditor 整个文档。

图 6-3 设置发布位置

> **课堂拓展**
>
> （1）彻底整理项目。
> （2）整理发布好的文件。

6.2 项目部署

【总体目标】完成网站项目的部署。

【技术要点】附加数据库，设置数据库，配置 IIS。

【完成步骤】

（1）部署数据库，包括附加数据库、设置数据库。

（2）配置 IIS。

项目部署分为部署到本地服务器和远程服务器。本书不讨论远程部署，只将发布的网站部署到本地，仅作学习之用。

图 6-4 选项【附加】命令

6.2.1 数据库部署

1. 附加数据库

如果项目不是部署在开发计算机上，需要重新附加数据库。附加数据库的步骤如下所述：

（1）进入 SQL Server 2008，选择【数据库】节点，然后用鼠标右键单击，再选择【附加】选项，如图 6-4 所示。

（2）在【附加数据库】窗口，单击【添加】按钮，将 Works 数据库附加进来，如图 6-5 所示。单击【确定】按钮，完成数据库附加。

第 6 章 项目发布与部署

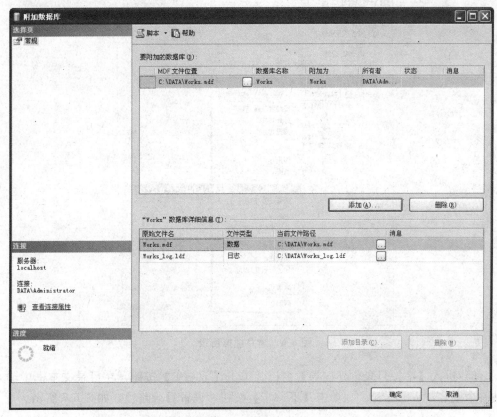

图 6-5　附加数据库窗口

2．设置数据库

数据库附加后，需要重新设置数据库权限。类似第 2 章设置数据库，这里仅列出步骤，具体内容请参考第 2 章。

（1）设置登录方式。

（2）设置用户 sa 密码等。

（3）将 Works 数据库的所有者设置为"sa"。

注意

每一次重新附加数据库时，都需要重新设置数据库所有者。

6.2.2　IIS 配置

IIS 配置步骤如下所述：

（1）打开 IIS 信息服务管理器。有多种方式打开 IIS 信息服务管理器，最简单是右击【我的电脑】，在快捷菜单中选择【管理】命令，然后在【计算机管理】窗口展开【Internet 信息服务】选项。

（2）选择【Internet 信息服务】的下级项目【默认网站】命令，然后选择【新建】|【虚拟目录】命令，如图 6-6 所示。

229

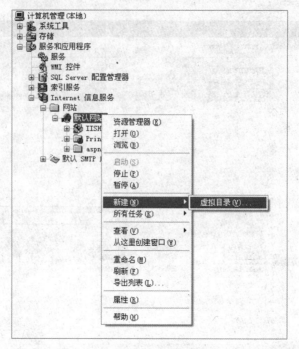

图 6-6 建立虚拟目录

(3) 进入【虚拟目录创建向导】窗口，单击【下一步】按钮，在目录文本框中输入网站一个别名"WorksSite"。单击【下一步】按钮，设置目录路径，如图 6-7 所示。

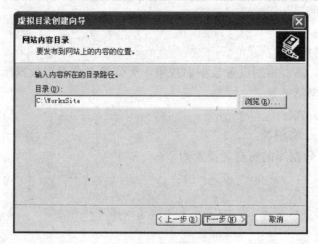

图 6-7 设置路径

(4) 设置访问权限，如图 6-8 所示。单击【下一步】按钮，完成 IIS 设置。

配置好 IIS 后，可以查看站点属性。右击网站，在弹出的菜单中选择【属性】命令，查看 ASP.NET 版本是否为 4.0，如图 6-9 所示。

课堂拓展

在不同操作系统中配置 IIS。

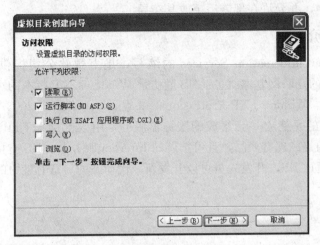

图 6-8　设置访问权限

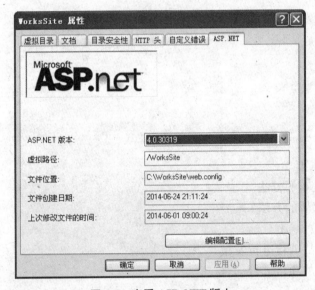

图 6-9　查看 ASP.NET 版本

6.3　相关技术知识

6.3.1　网站发布

与简单地将网站复制到目标 Web 服务器相比，发布网站具有以下优点：

(1) 预编译过程能发现任何编译错误，并在配置文件中标识错误。

(2) 单独页的初始响应速度更快，因为页已经过编译。如果不先编译页就将其复制到网站，将在第一次请求时编译页，并缓存其编译输出。

(3) 不会随网站部署任何程序代码，从而文件提供了一项安全措施。可以带标记保护发布网站，这将编译 .aspx 文件；或者不带标记保护发布网站，这将把 .aspx 文件按

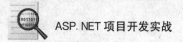

原样复制到网站中，并允许在部署后更改其布局。

6.3.2　IIS 介绍

IIS 是 Internet Information Services 的缩写，是由微软公司提供的基于运行 Microsoft Windows 的互联网基本服务。IIS 最初是 Windows NT 版本的可选包，随后内置在 Windows 2000、Windows XP Professional 和 Windows Server 2003 中一起发行。

IIS 的设计目的是建立一套集成的服务器服务，用以支持 HTTP、FTP 和 SMTP。它能够提供快速的集成现有产品，且可扩展的 Internet 服务器。IIS 支持与语言无关的脚本编写和组件。通过 IIS，开发人员可以开发新一代动态的、富有魅力的 Web 站点。

 本章小结

本章通过介绍项目发布的方法、项目的数据库部署、IIS 配置，让读者学会如何发布和部署网站项目。

本章技术要点为：

（1）项目整理。

（2）项目发布。

（3）项目部署。

 实训指导

【实训目的要求】

1. 掌握项目发布的方法。
2. 掌握项目部署的方法。

【实训内容】

题目一：对实战项目进行发布。

题目二：对实战项目进行部署。

第 7 章 项目实战

本章知识目标

- 熟悉项目开发的过程
- 掌握项目开发的方法
- 掌握项目开发中的程序调试方法

本章能力目标

- 能够独立地对项目进行整体规划
- 能够独立开发小型项目
- 能够团队合作开发中型项目

本章列出 5 个参考题目供读者选择。这里只给出了大概的网站类别,具体网站题目自定。在前面各章中的实训指导部分列出了每个时间段需要完成的内容,读者可根据实际情况,选好题目后,在学习教材项目的同时完成项目实战内容。

题目 1 摄影作品展示网站设计

摄影作品展示网站参考功能包括以下内容:
1. 前台
首页、摄影作品、摄影教程、摄影器材、摄影资讯。
2. 后台
(1) 系统管理:管理员的添加和管理。
(2) 作品管理:添加编辑、查询、删除。
(3) 教程管理:添加编辑、查询、删除。
(4) 资讯管理:添加编辑、查询、删除。

题目 2 企业门户网站设计

企业门户网站参考功能包括以下内容:

1. 前台

首页、公司简介、新闻、产品展示、文件下载、留言、联系我们。

2. 后台

(1) 系统管理：管理员的添加和管理。
(2) 新闻管理：添加编辑、查询、删除、新闻类别管理。
(3) 产品管理：添加编辑、查询、删除、产品类别管理。
(4) 文件管理：文件上传、查询、删除、文件夹类别管理、文件回收站。
(5) 用户管理：查询个人信息、修改密码。
(6) 留言管理、联系我们。

其中，"文件管理"选做。

题目3　合租网站设计

合租网站参考功能包括以下内容：

1. 前台

首页、公司简介、新闻、产品展示、文件下载、留言、联系我们。

2. 后台

(1) 系统管理：管理员的添加和管理。
(2) 房屋管理：添加编辑、查询、删除。
(3) 会员管理：添加编辑、查询、删除。
(4) 新闻管理：发布新闻、新闻管理。
(5) 留言管理：留言的修改、删除、回复。

题目4　星级酒店网站设计

星级酒店网站参考功能包括以下内容：

1. 前台

首页、新闻、美食、客房预定、餐饮预定、客房环境。

2. 后台

(1) 系统管理：网站基本设置。
(2) 新闻中心：发布新闻、新闻管理。
(3) 酒店管理：添加设施、餐饮、酒店管理。
(4) 在线预定：餐饮预定管理、客房预定管理。
(5) 会员管理：添加编辑、查询、删除。

题目5　鲜花礼品购物网站设计

鲜花礼品购物网站参考功能包括以下内容：

1. 前台

首页、商品展示、购物车、留言板。

2. 后台

(1) 系统管理：管理员的添加和管理。

(2) 新闻管理：添加编辑、查询、删除、新闻类别管理。

(3) 商品管理：添加编辑、查询、删除、商品类别管理。

(4) 订单管理：订单编辑、查询、删除。

(5) 会员管理：查询个人信息、修改密码。

(6) 留言管理：留言的修改、删除、回复。

附录 A ASP.NET 常用控件命名规范

数据类型	数据类型简写	标准命名举例
AdRotator	adrt	adrtTopAd
Button	btn	btnSubmit
Calendar	cal	calDates
CheckBox	chk	chkBlue
CheckBoxList	chkl	chklColors
CompareValidator	valc	valcAge
CustomValidator	valx	valxDBCheck
DataList	dlst	dlstTitles
DropDownList	drop	dropCountries
GridView	gvw	gvwUser
HyperLink	lnk	lnkDetails
Image	img	imgBetty
ImageButton	ibtn	ibtnSubmit
Label	lbl	lblResults
LinkButton	lbtn	lbtnSubmit
ListBox	lst	lstCountries
Panel	pnl	pnlDefault
PlaceHolder	plh	plhContents
RadioButton	rad	radFemale
RadioButtonList	radl	radlGender
RangeValidator	valg	valgAge
RegularExpression	vale	valeEmail
Repeater	rpt	rptResults
RequiredFieldValidator	valr	valrName
SqlDataSource	sds	sdsUser
Table	tbl	tblCountry
TableCell	tblc	tblcGermany
TableRow	tblr	tblrCountry
TextBox	txt	txtName
ValidationSummary	vals	valsErrors
XML	xmlc	xmlcResults

附录 B CSS 常用属性

在网站项目开发中,前台页面布局经常采用 CSS。下面几张表列出了 CSS 的常用属性。

表 B-1 字体 (Font) 属性

属 性	说 明
font	在一个声明中设置所有字体属性
font-family	规定文本的字体系列
font-size	规定文本的字体尺寸
font-size-adjust	为元素规定 aspect 值
font-stretch	收缩或拉伸当前的字体系列
font-style	规定文本的字体样式
font-variant	规定文本的字体样式
font-weight	规定字体的粗细

表 B-2 文本属性 (Text) 属性

属 性	说 明
color	设置文本的颜色
direction	规定文本的方向/书写方向
letter-spacing	设置字符间距
line-height	设置行高
text-align	规定文本的水平对齐方式
text-decoration	规定添加到文本的装饰效果
text-indent	规定文本块首行的缩进
text-shadow	规定添加到文本的阴影效果
text-transform	控制文本的大小写
unicode-bidi	设置文本方向
white-space	规定如何处理元素中的空白
word-spacing	设置单词间距

表 B-3 背景 (Background) 属性

属 性	说 明
background	在一个声明中设置所有的背景属性
background-attachment	设置背景图像是否固定,或者随着页面的其余部分滚动
background-color	设置元素的背景颜色
background-image	设置元素的背景图像
background-position	设置背景图像的开始位置
background-repeat	设置是否及如何重复背景图像

表 B-4 外边距属性（Margin）属性

属　　性	说　　明
margin	设置所有外边距属性
margin-bottom	设置元素的下外边距
margin-left	设置元素的左外边距
margin-right	设置元素的右外边距
margin-top	设置元素的上外边距

表 B-5 内边距属性（Padding）属性

属　　性	说　　明
padding	在一个声明中设置所有内边距属性
padding-bottom	设置元素的下内边距
padding-left	设置元素的左内边距
padding-right	设置元素的右内边距
padding-top	设置元素的上内边距

表 B-6 边框（Border）属性

属　　性	说　　明
border	在一个声明中设置所有的边框属性
border-bottom	在一个声明中设置所有的下边框属性
border-bottom-color	设置下边框的颜色
border-bottom-style	设置下边框的样式
border-bottom-width	设置下边框的宽度
border-color	设置四条边框的颜色
border-left	在一个声明中设置所有的左边框属性
border-left-color	设置左边框的颜色
border-left-style	设置左边框的样式
border-left-width	设置左边框的宽度
border-right	在一个声明中设置所有的右边框属性
border-right-color	设置右边框的颜色
border-right-style	设置右边框的样式
border-right-width	设置右边框的宽度
border-style	设置四条边框的样式
border-top	在一个声明中设置所有的上边框属性
border-top-color	设置上边框的颜色
border-top-style	设置上边框的样式
border-top-width	设置上边框的宽度
border-width	设置四条边框的宽度

参 考 文 献

[1] http：//msdn.microsoft.com/zh-cn/library
[2] 动软卓越网．http：//www.maticsoft.com/
[3] 杨树林，胡洁萍．ASP．NET 程序设计案例教程．北京：人民邮电出版社，2008
[4] 谭恒松．C#程序设计与开发（第 2 版）．北京：清华大学出版社，2014
[5] ［美］Scott Mitchell 著．陈武，袁国忠译．ASP．NET 4 入门经典．北京：人民邮电出版社，2011
[6] 黄崇本，谭恒松．数据库技术与应用．北京：电子工业出版社，2012
[7] 蒋金楠．ASP．NET MVC 4 框架揭秘．北京：电子工业出版社，2013
[8] 程光华．Web 应用程序开发．北京：清华大学出版社，2011

参考文献